Professeur M. Tolstopiatow.

RECHERCHES

MINÉRALOGIQUES.

EDITION POSTHUME.

Avec 63 gravures dans le texte et 5 planches, dont 3 sont
chromolithographiées.

MOSCOU.

1893.

Imprimé in Commission bei

Professeur M. Tolstopiatow.

RECHERCHES

MINÉRALOGIQUES.

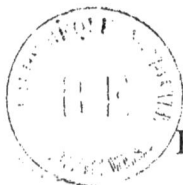

ÉDITION POSTHUME.

Avec 63 gravures dans le texte et 5 planches, dont 3 sont
chromolithographiées.

MOSCOU.

Imprimerie de l'Université Impériale.

1893.

Дозволено цензурой. Москва 22 іюня 1898 года.

TABLES DES MATIÈRES.

NOTICE BIOGRAPHIQUE *.

M. le professeur Tolstopiatow occupa pendant 30 ans la chaire de Minéralogie à l'Université de Moscou. Professeur renommé, chéri de son auditoire, il fut membre de plusieurs Sociétés scientifiques, membre à perpétuité de la Société Impériale des Naturalistes de Moscou et son vice-président les dernières années de sa vie.

Il naquit en 1836 à Wassil-Soursk, petite ville du gouvernement de Nijni-Novgoród. Son père y occupait la place de secrétaire du conseil de la ville. Bientôt après la naissance de son fils il fut nommé à une place d'employé à missions spéciales auprès de la personne du gouverneur de Kostroma, qui lui accorda sa pleine confiance et le chargea plusieurs fois de rapports confidentiels pour le ministre.

M. Tolstopiatow passa à Kostroma les premières années de son enfance et commença ses études au collège de l'endroit. Doué d'un caractère très vif il ne pouvait guère se soumettre au joug de la discipline scolaire. Les parents adoraient et gâtaient leur enfant, qui n'étant pas guidé sévèrement négligea ses premières études. Il quittait la maison paternelle pour errer le long des rives du Volga, ce fleuve grandiose, dont la tranquillité majestueuse n'était pas encore troublée par la circulation commerciale et l'activité des bâteaux à vapeur qui sillonnent maintenant ses eaux; il suivait de l'oeil les barques et les vaisseaux à voiles qui glissaient le long du fleuve, il rôdait dans les villages des pêcheurs,

---

* Extrait du „Compte Rendu de l'Université de Moscou", 1891, complété par quelques détails biograhiques de souvenirs personnels.

situés le long du rivage et abandonnés maintenant par suite
de l'agrandissement de la ville; il se hasardait même dans
un frêle bateau de pêcheur, se livrait à ses pensées, à ses
rêves et ne revenait souvent que tard dans la soirée, aux
grandes angoisses de ses parents.—C'est à cette époque qu'eurent lieu les grands incendies qui jetèrent le trouble dans la
population de Kostroma. On soupçonnait des incendiaires politiques,—la ville contenait alors beaucoup d'exilés polonais.
Les habitants effrayés quittaient leur domicile en emportant
ce qu'ils avaient de précieux; ils campaient à la belle étoile
sur les bords du fleuve. La singularité d'une pareille situation,
la voûte du ciel étoilé comme abri, les ténèbres nocturnes
interrompus de temps à autre par le reflet d'un incendie qui
annonçait de nouveaux malheurs, les récits concernant les
incendiaires politiques,—tout parlait à son imagination enfan-
tine et nourrissait son amour de l'extraordinaire. On passa de
la sorte 3 semaines en plein champ, heureusement que la
saison était chaude, quoiqu'on fut au commencement de Septembre. Enfin les incendies cessèrent peu à peu et les habitants
rentrêrent en ville.

Cette enfance libre et aventureuse développa l'élément poétique qui lui fut propre durant tout le cours de sa vie.

A cette époque une seule occupation l'attirait vivement,—
c'était la musique. Il désirait passionnément étudier le violon.
Il insista si souvent auprès de ses parents qu'ils se décidèrent à lui donner un maître de musique. Les parents atta-
chaient peu d'importance à l'étude de cet art; peut-être aussi
vu leurs ressources limitées, on choisit un maître qui n'était
pas des meilleurs. Sans méthode, ni expérience il se bornait
à faire jouer à l'enfant de petits thèmes russes qu'il arran-
geait lui même. Ces petits thèmes très courts désespéraient l'enfant. Il avait entendu dire qu'il y avait des études pour le
violon, des méthodes appropriées; il demanda qu'on lui en
donna une; mais son maître se bornait aux chansons natio-
nales, qui finirent par lui inspirer un véritable dégout pour
le reste de ses jours.

En 1848 il perdit sa mère bien aimée par suite du choléra. L'enfant, encore moins surveillé, s'occupa encore moins et l'année suivante, n'ayant pas subit ses examens, il fut obligé de rester en troisième. Son frère ainé, pédagogue distingué et maintenant bibliothécaire à l'Université, voyant l'enfant si négligé, le fit venir à Moscou et le prit sous sa tutelle. Il le fit entrer dans la 3-e classe du 3-me gymnase. Cette classe éternelle lui semblait ne jamais finir. Après le laisser-aller de Kostroma la nouvelle discipline lui parut rude. Il lui était difficile de se soumettre aux exigences sévères et inflexibles de son frère, mais c'était inévitable. Outre cela, devenu plus grand, il comprit que les choses ne pouvaient continuer de la même façon qu'avant. Doué d'exellentes capacités, sous la direction ferme et éclairée de son frère, il changea rapidement et déjà l'année suivante on le compta au rang des meilleurs élèves de sa classe. Aussi nourrit il toujours pour son frère une reconnaissance et un amour profonds.

A Moscou la musique fut tout-à-fait abandonnée. Il fallait se dépêcher de rattraper le temps perdu. Ce ne fut que plus tard, lorsqu'il était déjà étudiant, qu'il reprit son violon chéri, et encore manquait-il souvent de temps pour des études régulières; il lui consacrait ses heures de loisir. Quelquefois dans le cercle de ses camarades il prenait son violon, commençait par un air d'opéra qu'il avait entendu, le développait, le variait et se laissant entraîner par son inspiration, passait d'un thême à un autre. Cela plaisait à la compagnie, les heures s'écoulaient. Il ne prit des leçons de musique que plus tard, étant déjà professeur. C'est alors qu'il étudia les oeuvres des grands maîtres sous la direction de M. Klamroth, artiste renommé et partisan de la musique classique. Dans la suite, se souvenant des temps passés, il ne pouvait comprendre quelle espèce de musique il avait pu faire jadis pour amuser ses camarades; cependant on l'avait écouté, cela avait plu, on l'avait prié de continuer.

Au collége il commença par étudier avec ardeur les langues classiques; plus tard il s'adonna aux mathématiques. S'occupant assidûment il subit avec succès son examen de 6-me classe. D'après les règles d'alors un examen brillant de 6-me classe donnait droit d'admission à l'Université. Il en profita, car il voulait regagner le temps perdu. En septembre 1854 il fut admis à la faculté des mathématiques et suivi les cours des professeurs sans être inscrit comme étudiant, car le nombre des jeunes gens admis à l'Université était alors limité. Sur l'avis de son frère il resta une seconde année au premier cours, vu que les études n'allaient pas aussi brillament qu'il le désirait. Reçu l'année suivante comme boursier de la couronne il continua depuis lors ses occupations avec plein succès et termina son cours comme premier candidat éminent. — Chaque candidat doit présenter un ouvrage d'après lequel on peut juger de son aptitude à comprendre les questions scientifiques. Pour l'exécuter il se mit à travailler six mois avant les examens. Le thème choisi fut «le Vulcanisme». Il lut et travailla si consciencieusement qu'il fut en état de présenter un travail qui surpassait de beaucoup les exigences ordinaires. Le doyen de la faculté, M. Fischer von Waldheim, voyant un ouvrage si développé, refusa même de l'accepter en disant qu'il avait trop peu de temps pour examiner un travail aussi compliqué. Le jeune homme le reprit donc pour l'abréger et alla confier ses peines à son frère. Ce dernier lui fit présenter l'ouvrage encore une fois tel qu'il était, en proposant au professeur de lire autant qu'il était nécessaire, n'importe de quelle partie de ce travail. La dessus l'écrit fut remis au professeur Schourowsky qui occupait alors la chaire de géologie et de minéralogie. Il le lut du commencement à la fin, en fut très satisfait et voyant que le thème approchait de celui qu'il avait proposé lui même cette année pour la médaille d'or des étudiants «de l'influence du noyau terrestre sur la surface de la terre», il fit venir le jeune homme et lui conseilla d'ajouter encore quelques chapitres sur les eaux thermales, sur les tremble-

ments de terre, sur les soulévements et les abaissements sé-
culaires du sol, pour le rendre tout-à-fait conforme à ce qui
était exigé. Le jeune homme se dépécba de compléter son
travail et eut en récompense la médaille d'or.

A l'Université son rêve favori était de se voir un jour professeur et de se consacrer entièrement à la science. Néanmoins, d'un naturel vif et expansif, il ne vécut pas en ana-
chorète et ne consacra pas son temps uniquement à l'étude.
Il devint bientôt le centre d'un cercle de camarades qui se
distinguaient par leurs goûts élevés. On se rassemblait souvent
chez l'un d'eux qui vivait en famille, on lisait ensemble différentes productions littéraires, on débattait les questions philo-
sophiques et esthétiques de l'époque, on faisait de la musique,
il y avait des représentations théatrales, on dansait enfin,
et l'on ne se séparait souvent qu'à l'aube. Cependant bien
que rentré très tard chez lui il ne lui arriva jamais de man-
quer une leçon: à 9 heures il était toujours à l'Université et
attendait le professeur qui devait lire.

‹Ses études achevées, étant boursier de la couronne il
faillit être envoyé comme maître à Smolensk. Le professeur
Schourovsky détourna le malentendu survenu. Il estimait et
·chérissait le jeune homme, il voyait en lui un digne succes-
seur pour sa chaire. — Le 20 Août 1859 le conseil de l'Université, à la représentation de la faculté des Mathématiques,
l'admit unanimement au nombre des jeunes gens qui devaient
se préparer au professorat».

«Il se mit à travailler pour élargir les connaissances acquises et accepta en même temps une place de maître d'histoire naturelle à l'Académie de Commerce de Moscou. Il y
resta 4 années et laissa à ses élèves de profondes traces de
ses capacités pédagogiques. Ses élèves se souviennent encore
maintenant avec enthousiasme de ses cours et de quelle manière leur jeune maître tâchait de leur rendre lucides les
définitions si arides des bases de la cristallographie».

«Le jeune savant rêvait alors à un voyage à l'étranger.
Il désirait parfaire ses études dans le centre de la civilisa-

tion; il voulait faire une revue approfondie des musées de
l'Europe, être à la hauteur des dernières données de la science
et suivre les cours de quelques célèbres professeurs. — M.
Schourovsky se sentant un peu fatigué de la lecture de
deux cours de sciences différentes désirait confier le poste
d'adjoint et la chaire de minéralogie au jeune homme. Ce
désir était motivé par la raison que la minéralogie avait fait
dans les derniers temps de rapides progrès. Il détermina donc
le jeune homme à commencer son cours sans délai et à remettre son voyage à l'étranger à plus tard. Ceux qui se souviennent de la haute estime vouée à cette époque aux professeurs par leurs auditeurs, de l'attachement qu'ils avaient
pour M. Schourovsky, ceux qui connaissent le caractère
obligeant et conciliant du jeune savant, qui était toujours
prêt à sacrifier ses intérêts à ceux d'autrui, ceux-là comprendront bien que l'avis du professeur devenait pour lui si
non un ordre, du moins un désir paternel auquel il ne pouvait refuser d'obtempérer».

C'est ainsi qu'à partir de 1860 M. Tolstopiatow fut
nommé adjoint. Il commença son cours et dès son début
s'attira les sympathies de ses auditeurs. Ce sentiment ne fit
que s'accroître avec le temps, au fur et à mesure du développement des forces intellectuelles et du talent d'élocution
du professeur. Plus tard sa première leçon attirait chaque
année quantité d'étudiants de différentes facultés. Il y faisait
un aperçu des sciences naturelles et expliquait le rang occupé parmi elles par la minéralogie. Il commençait et terminait son cours toujours au bruit des applaudissements. Cette
manière bruyante d'énoncer l'enthousiasme n'était guère reçue suivant les règlements de l'Université. On pria souvent
M. Tolstopiatow de terminer ses leçons avant terme pour
éconduire les étudiants. Mais ils ne se laissèrent pas longtemps tromper et par la suite ils commençaient leurs mani-
festations bien avant la fin des leçons. Enfin une année avant
sa mort chaque leçon commençait et se terminait par de
bruyantes acclamations jusqu'à ce que le professeur n'eut

prié lui même ses élèves d'abandonner ce témoignage de leur estime qui pouvait leur attirer des désagréments. Il leur dit que leur assiduité à ses cours, leur amour pour la science et leur respect pour les coutumes de l'Université lui prouveraient parfaitement les bons sentiments qu'ils nourrissaient à son égard.

En 1863 quelques jeunes professeurs se décidèrent à lire une série de leçons au profit du Jardin Zoologique qui devait être fondé à Moscou, (le premier en Russie). M. Tolstopiatow fut de leur nombre et lut à cette occasion deux leçons sur les aérolithes. Son nom déjà si estimé et si connu attira une masse de monde. Les leçons furent brillantes. Jeune, vif, ardent, il entraîna ses auditeurs comme par l'exposition des faits de même que par son influence personnelle. D'ici date sa grande popularité parmi le public. Son nom ne devait qu'apparaître pour attirer le monde. A la suite de ses leçons il fit la connaissance de la famille de sa future qu'il épousa deux ans après; ils vécurent dans la plus parfaite union pendant vingt-cinq ans.

En 1864 il put effectuer un voyage à l'étranger et y resta six mois. Il était difficile de faire beaucoup en un espace de temps si limité, mais M. Tolstopiatow ne perdit pas courage. Il s'établit à Berlin pour étudier la géologie et la paléontologie, car il n'avait pas encore alors l'intention de se consacrer entièrement à la minéralogie.

Les savants de Berlin ne se distinguaient pas par leur complaisance. Ils recevaient assez sèchement les jeunes gens qui venaient étudier chez eux. Le professeur Beirich déclara que le cabinet géologique n'était pas ouvert pour le public. Sur la replique de M. Tolstopiatow, qu'il ne pensait pas être mis au nombre du public, étant venu exprès de Moscou pour étudier les belles collections de Berlin, le professeur l'autorisa à visiter le musée alors qu'il s'y occuperait lui même, c. à d. pendant deux heures quatre fois par semaine. Ces conditions vexaient beaucoup le jeune professeur, mais il fallait s'y conformer. Comme il le disait, à peine avait-il eu le temps de disposer les coquilles et de s'adonner à leur étude qu'apparaissait la figure impassible du professeur Beirich qui annonçait qu'il partait, car il était déjà une heure et demi.

Le cabinet minéralogique n'était dans le temps ouvert pour le public que deux fois par semaine. Gustave Rosé ne lisait plus *privatissimé*, quant à son cours public, il était, comme il le disait lui même, beaucoup plus abrégé que celui suivi par les étudiants du jeune professeur à l'Université de Moscou.

Après trois mois de séjour à Berlin M. Tolstopiatow se rendit à Paris, où il fut surpris de la richesse des trésors accumulés dans les musées de cette ville.

A Paris il continua à s'occuper principalement de géologie afin d'étudier le bassin parisien de l'époque ternaire. Malheureusement les vacances survinrent bientôt et il ne put continuer ses études. Il quitta Paris avec l'ardent espoir d'y revenir pour continuer ses occupations.

De retour à Moscou il reprit ses cours. Etudiant de plus en plus les collections du cabinet et la minéralogie elle même il se passionna pour cette science et se décida à s'y vouer entièrement. C'est à cette époque, en 1865, qu'il épousa la jeune fille qu'il avait connue à la suite de ses leçons sur les aérolithes. Après son mariage, heureux dans son intérieur, il quitta le monde et se mit à travailler sérieusement pour écrire ses dissertations.

‹Les discussions qui s'étaient élevées par rapport aux phénomènes du dimorphisme, trouvé par M. Mitcherlich, avec l'une des plus grandes autorités de la cristallographie, de Haüy, provoquèrent en 1830 des travaux qui aboutirent à la doctrine de l'allotropie et du polymorphisme; en même temps Henri Rosé se livrait à des recherches qui avaient pour but d'expliquer la cause de ces phénomènes. Il avait fixé son attention sur le carbonate de chaux, qui a trois rangées de formes incompatibles entre elles. Henri Rosé dit que l'aragonite, le spath calcaire et la craie sont un état hétéromorphique du carbonate de chaux. Il expliqua ainsi les causes de cet hétéromorhisme: les solutions chaudes concentrées et les froides délayées donnent des cristaux d'aragonite; dans tous les autres cas le carbonate de chaux se convertit en spath calcaire et en craie».

«Les déductions faites d'après les faits observés par M. Tolstopiatow y étaient si opposées, que le professeur s'adonna à l'étude approfondie de l'hétéromorphisme de la chaux carbonatée et il aboutit à des déductions contraires».

«Ces travaux servirent de base à sa dissertation de maître-ès-science présentée en l'année 1867 et intitulée: «*Des causes de l'hétéromorphisme de la chaux carbonatée*». Il y prouve que le degré de température et la concentration des solutions n'exercent pas d'influence directe sur l'état hétéromorphique; la haute température ne favorise guère la formation de l'aragonite; elle peut même être considérée comme défavorable à la cristallisation du carbonate de chaux en général. Il conclut que le carbonate de chaux se dégage des solutions bi carbonatées toujours sous la forme de craie, qui se résout à la surface de la solution en aragonite et dans la masse de la solution—en spath calcaire; ce dernier, sous l'influence de l'humidité et de l'acide carbonique se convertit aussi, par suite du déplacement moléculaire, de rechef en aragonite. Le milieu alcalin détermine la transformation de l'aragonite et du spath calcaire de nouveau en craie».

«La facilité du passage de la chaux carbonatée d'un état hétéromorphique à un autre obligea M. Tolstopiatow à reconnaître qu'aux premiers moments de la cristallisation de la chaux carbonatée l'équilibre moléculaire de ses parties indivisibles est inconstant, ses formes sont instables».

«Ces déductions furent la raison de ses études ultérieures sur la formation des cristaux ou de la cristallogénie».

«Déterminer l'origine et le développement de la forme cristalline, établir les lois empiriques qui réglent les parties inorganiques malgré la variété et l'inconstance des formes,—tels sont les problèmes que se posa M. Tolstopiatow et qu'il résolut d'une façon si éminente dans le travail qui lui servit de thême pour sa dissertation de docteur-ès-sciences: «*Pro-blèmes généraux de l'étude sur la cristallogénie*». — Après avoir comparé les faits déjà acquis à la minéralogie il arriva à la conclusion que la forme extérieure n'est que le résultat de la structure intérieure; cette dernière, à son tour, dépend de la distribution de l'énergie des forces cristallogénétiques dans la masse du cristal et du caractère de son équilibre moléculaire; mais la cause principale se trouve dans la constitution chimique de l'individu minéral».

«Afin de démontrer la corrélation qui existe entre la structure du cristal, sa forme extérieure et la distribution des directions propagatrices de son activité cristallogénétique avec les conditions de l'équilibre moléculaire et de la composition chimique du minéral le professeur se servit de la méthode analytique, parce que les molécules qui constituent le cristal sont insaisissables; il s'ensuit que la méthode synthétique des recherches est entièrement inadmissible dans ce cas. Il prenait pour point de départ le cristal dans son intégrité, puis étudiait toutes ses transformations, concentrant son attention sur les phases du développement qui précèdent sa spécification. Parmi ces phases intermédiaires il recherchait les particularités de son élaboration, exprimées le plus évidemment, et leur dépendance du plan général de sa constitution organique. Dans le cas ou la formation inachevée du cristal ne satisfaisait pas le but de ses rercherches, il soumettait la matière expérimentée à des conditions défavorables à la cristallisation, et il arrivait ainsi forcément à reproduire les phases intermédiaires de sa formation. Avançant pas à pas il découvrait successivement les complexités des cristaux à commencer de leurs parties les plus saillantes, et il en venait ainsi aux premiers éléments de l'architecture cristalline et à leur dépendance de la force créatrice qui les groupe».

«Après avoir refuté la thèse de Haüy concernant l'agrandissement de la masse du cristal per juxta-positionem par nombre de faits qui démontrent le haut degré de complexité, même de confusion, de la constitution des cristaux en apparence très simples, le professeur a prouvé que ces formations complexes présentent des macles masquées par l'aspect extérieur homogène du cristal, ou encore, c'est parfois le résultat d'une phase métamorphique de la matière qui les forme. Il examine chaque cristal de cette espèce comme un système de plusieurs cristaux pour ainsi dire enclavés l'un dans l'autre, surquoi la masse du cristal intérieur en forme le noyau, et la masse des cristaux extérieurs en est l'enveloppe. Après avoir expliqué comment l'extérieur des cristaux non entièrement développés aide à l'élucidation de leur structure intérieure, et que les groupes de leurs parties microscopiques peuvent être admis comme groupes de leurs molécules, le professeur admet une connexion étroite entre les propriétés morphologiques et physiques des minéraux. En examinant la spontanéité de la force cristallogénétique et la direction de son énergie la plus parfaite dans les cristaux, il conclut que les cristaux, tout en ayant une forme géométrique identique, peuvent avoir une structure différente; il s'ensuit donc que la valeur de l'isomorphisme peut être éliminée de l'idée établie concernant l'espèce minérale, cette unité taxonomique si importante pour la classification naturelle minéralogique. Il donna une explication précise aux déplacements moléculaires, si multiples, qui s'effectuent dans les minéraux cristallins et cristallisés, admettant l'assortiment moléculaire qui a lieu dans le cristal comme le résultat complexe de l'activité des forces qui lui sont propres, des impulsions extérieures et d'un mode varié de l'équilibre moléculaire subordonnés au degré de symétrie du cristal. Telle est la teneur du travail présenté par M. Tolstopiatow pour sa thèse de docteur en minéralogie. Cet ouvrage lui attira les éloges des personnes les plus exigeantes». Il disait plus tard: «ce n'est que le premier travail qui coûte; le doute, la défiance envers soi même, la crainte de l'évaluation publique vous offrent des obstacles imaginaires. Maintenant, le premier pas fait, les thèmes, les questions se présentent en masse, et je n'aurais pas été embarrassé de faire un travail après l'autre».

Mais il écrivit peu pourtant. Il ne se laissa jamais entraîner par le désir de voir son nom à la fin d'un petit mémoire et ne se dépêcha jamais d'aller proclamer partout chaque idée, chaque conclusion qui s'offrait à la suite de ses recherches. Les questions profondes de la science, les idées générales seules l'intéressaient; mais pour y arriver il fallait étudier une masse de matériaux et approfondir des questions mathématiques et physiques, que les cours de l'Université n'exposaient pas d'une manière assez détaillée pour les questions délicates qui l'intéressaient. Il s'occupa beaucoup de la théorie de la lumière, du son, du magnétisme et étudia nombre d'autres phénomènes, qui ont un rapport étroit avec la minéralogie, cette science qui, par les exigences qu'elle pose à ses adeptes, tient autant à la section purement mathématique, qu'à la section naturelle. C'est alors aussi qu'il étudia le cabinet minéralogique, dont il avait la direction, pièce par pièce. Il s'y rendait le matin en prenant son déjeuner avec soi, et ce n'est que vers 5 h. qu'il revenait à la maison, fatigué, mais content. «Aucun traité», disait il, «ne communique des connaissances aussi lucides, aussi complètes, aussi précises que les minéraux eux-mêmes, quand on sait les comprendre et les ordonner».

Comme le disait le conservateur du musée «on pouvait le réveiller à telle heure de la nuit et lui demander ou était le minéral en question, qu'il aurait pu sans penser indiquer l'armoire et le rayon où il fallait le prendre».

Après diner il se reposait un peu et puis se mettait à la lecture des derniers ouvrages traitant de la minéralogie ou à l'étude des traités fondamentaux de Naumann, Senft, Schrauf, Zirkel, Tschermak, Rosenbusch, qui étaient ses auteurs favoris et se trouvaient toujours sur sa table.

Au sein d'une famille chérie, jouissant d'un bonheur tranquille, fréquentant peu le monde, il travailla, et sa seule distraction fut la musique. Sa femme, grande musicienne, partageait son goût pour cet art.—C'est à cette époque que commencèrent les soirées hebdomadaires, qui réunissaient chez eux les jeudis des amis passionnés comme eux pour la musique. Des artistes connus y prenaient souvent part. Des causeries animées terminaient la soirée. On se séparait sous l'impression de jouissances élevés et pures avec le désir de se réunir bientôt. Les personnes initiées à ces soirées se rappellent encore maintenant de l'intérêt qu'elles offraient. Le maître de la maison en était le centre et animé lui même il animait tout le monde. Mais, comme le dit la sentence latine, «le sort—jaloux des fortunés» troubla cette vie heureuse. Leurs trois premiers enfants furent enlevés par la mort l'un après l'autre, et le chagrin que cela causa au professeur répandit de la tristesse sur son caractère vif et enjoué. Plus tard il conserva toujours une teinte de mélancolie qui se mêlait poétiquement à l'expansion et à la gaîté innée de sa nature.

L'étude persévérante et profonde de la minéralogie éveilla en lui toute une série de questions à la résolution desquelles il consacra le reste de ses jours. La musique fut abandonnée pour faire entièrement place à son autre passion—la minéralogie. Il fallait examiner une masse de matériaux, faire des centaines de plaques pour les observations, rechercher les préparations qui pouvaient prouver ses idées, et tout cela il fallait le faire seul. La journée ne lui suffisait pas. C'est surtout le polissage des plaques qui lui prenait beaucoup de temps et entravait son oeuvre. Chacun sait à quel point ce travail est minutieux et ingrat. Il y avait souvent des insuccès, des déceptions; mais énergique et persévérant il ne perdait pas courage et continuait à tendre vers son but. Quand on allait le voir, on était sûr de le trouver attablé près du microscope ou du goniomètre, ou encore à son tour, occupé à préparer des plaques. Nombre de questions s'éveillaient en lui et son naturel ardent aspirait à les résoudre toutes. Les travaux par rapport à la cristallogénie devaient l'aider à expliquer les contradictions et les phénomènes jusqu'ici inexpliqués et à poser d'une nouvelle manière les questions de la science minéralogique à l'aide de la théorie pyramidale des cristaux. La pyramide cristalline devait lui donner la possibilité de trouver la véritable forme fondamentale des cristaux. Les phénomènes du clivage latéral se prêtaient aussi à l'explication.

L'objet de ses recherches furent: les cristaux hélicoïdes du diopside dans les épidotes; les inclusions dans les topazes; les figures époptiques, dans les cristaux idiociclophanes; les macles dans les topazes; l'astérisme dans les béryls, la tourmaline, le corindon et la topaze; les inclusions dans le sel de pierre de Welitschka $\infty 0 \infty$. 0. $\infty 0$.; les cristaux arrondis du quartz de Béresoff; l'hémimorphisme dans le système régulier (la vésu-vienne, le grosulaire de Vilui); les couleurs physiques et chimiques des minéraux.

Tout concourait à l'appui de ses idées; les préparations, les cristaux rassemblés donnaient des preuves à l'appui de sa théorie. Ses amis le pressaient de commencer la publication de ses recherches ou du moins d'en exposer les thèses et de les envoyer à l'Académie de Paris sous pli cacheté, pour en conserver la priorité, mais il préférait achever auparavant entièrement son oeuvre. Enfin il espérait commencer dès l'année suivante la publication des données acquises dans le Bulletin de la Société des Naturalistes de Moscou, dont il était le vice-président; mais ses jours étaient comptés et son ouvrage n'a maintenant que les notes et les fragments publiés plus bas pour l'attester, et les collections des cristaux et des préparations, notées en partie par lui, à l'appui de ses hypothèses.

Appelé en 1885 au poste de doyen de la faculté des mathématiques, il ne l'accepta qu'à contre cœur. Son nouveau poste lui suggéra une masse d'ouvrage et de tracas, et ses travaux favoris furent suspendus, ou du moins avancèrent plus lentement. Les devoirs de doyen lors de l'introduction du nouveau réglement de l'Université étaient particulièrement pénibles et sa santé déjà faible fut ébranlée. Il dut insister sur sa démission. Elle ne fut acceptée qu'en 1887 à la suite du premier accès d'une maladie de coeur, qui faillit déjà alors le conduire au tombeau.

Les médecins lui conseillèrent de passer l'été au bord de la mer. Il ne se hasarda pas à aller au Sud. Le voyage lui semblait un peu risqué avec une famille de 5 enfants dont le plus jeune n'avait que 5 ans.—Aller seul, être séparé de sa famille, ne lui avait jamais souri. On se décida donc pour Revel, au Bord de la mer Baltique, qui semblait non seulement plus proche, mais aussi plus connu, car le professeur et sa femme y avaient déjà passé un été après la mort de leurs trois premiers enfants. L'air de la mer remit un peu les nerfs ébranlés du professeur, il se sentit renaître, et, animé d'une ardeur nouvelle, il profita du vaste horizon qui s'ouvrait du balcon de sa campagne pour faire les observations sur les houppes dans les épidotes et sur la polarisation de l'atmosphère. Trois étés de suite furent passés au bord de la mer. En 1889, arrivé à Rével, il ressentit de nouveau l'effet bienfaisant de l'air de la mer. Il reprit avec ardeur ses études sur la polarisation du ciel bleu. Il se réjouissait du succès de ses recherches et prétendait ne s'être jamais mieux senti. Malheureusement les premiers jours de Juillet survint un accident qui sembla donner un coup décisif à sa santé chancelante: un soir qu'il se tenait sur la plage, entouré de sa famille, un effronté osa passer au galop à travers le groupe réuni et lui donna un coup avec la croupe de son cheval. Cela se passa en un clin d'œil, mais les suites en furent funestes. La secousse qu'il reçut et surtout la frayeur qu'il ressentit pour son petit fils occasionnèrent des palpitations de cœur, qui à leur tour excitèrent de la toux. Plusieurs nuits furent passées sans sommeil. Enfin il eut une hémorragie nasale qui lui occasionna une très grande faiblesse, dont il ne put se remettre. Il continua à s'occuper, mais les promenades même courtes le fatiguaient, les palpitations de cœur se renouvelaient. Revenu à Moscou il reprit ses cours. Il ne put les continuer aussi régulièrement que d'habitude. Les nuits lui devenaient de plus en plus pénibles. Une inflammation de poumons aggrava sa situation. Néanmoins, il s'en remit et se sentit bien quelque temps. Ce n'était pourtant qu'un effort des dernières forces vitales. Le 1er Février son sommeil devint très inégal,—il ne dormit que trois heures; la nuit suivante — deux heures, enfin — 1 heure et au bout du compte il ne put fermer l'œil de toute la nuit et se tourmenta sans trouver une position convenable. Deux verres de café fort, bu à 6 h. du matin, le tranquillisaient tous les jours pour une heure ou deux, mais il ne pouvait rester couché davantage. Cela dura deux mois entiers, et encore, souvent, le jour il était gai et causait avec les personnes qui venaient le voir. Les soins des médecins ne purent remettre ses forces et il s'éteignit le 11 Avril 1890 après avoir béni ses enfants chéris et donné un dernier baiser d'adieu à sa femme inconsolable.

Les profonds sentiments d'amour et de respect qu'il s'était attirés durant sa vie rassemblèrent autour de son cercueil une masse d'amis, de camarades et d'étudiants, qui vinrent lui témoigner leurs sincères regrets et le reconduisirent jusqu'à son dernier lieu de repos.

«Comme professeur il se distinguait non seulement par sa grande érudition, son éloquence et la manière lucide et concrète avec laquelle il émettait les faits, mais aussi par l'intérêt et l'amour pour la science qu'il savait inspirer à son jeune auditoire».

‹Voilà comment il envisageait lui même ses devoirs par rapport aux élèves et à la science: ‹‹ce n'est pas une routine pédantesque qui m'intéresse››, écrivit-il à l'un de ses amis, lors des premières années de ses cours; ‹‹je veux étudier la nature dans son harmonie et sa préscience. Je donnerai libre essort à ma faculté d'observation, je méditerai consciencieusement chaque fait, je soumettrai chaque loi à un examen analytique et, en expliquant les données si difficiles de cette science, j'ouvrirai une voie nouvelle dans mon enseignement. Me vouant entièrement à la science, je ne ménagerai pour mes cours ni le temps, ni la santé. J'y mettrai toute mon âme et je m'attirerai la sympathie de mes jeunes auditeurs. Ils comprendront instinctivement que ce n'est guère l'amour-propre qui m'inspire, mais que mon mobile est un ardent amour de la science et le désir de faire part des précieuses connaissances, qui ne s'acquièrent qu'à la suite de travaux personnels persévérants et de nombreuses expériences›».

‹En effet, M. Tolstopiatow a brillament rempli ses devoirs de professeur. Combien de fois on lui a posé la question suivante: que faites-vous pour enthousiasmer ainsi vos élèves en enseignant une science aussi aride? Mais pour lui sa science était vivante. Pour lui ces natures mortes avaient une existence. Il découvrait les nouvelles lois qui présidaient à l'organisation des minéraux; il les comparait à d'autres organisations; il se laissait entraîner par ces idées et entraînait son auditoire. Les élèves aimaient en lui non seulement un maître, mais aussi un instituteur qui les chérissait, qui les prévenait d'une manière droite et sincère de toute erreur›.

‹La partie favorite de la minéralogie pour M. Tolstopiatow était la cristallogénie. Fidèle partisan de Holger, le minéral pour lui n'était pas un corps inanimé; il n'en faisait pas l'opposé de la nature vivante. Il envisageai le procès cristallogénétique comme le procès vital du troisième règne de la nature. Sans se laisser entraîner par l'identité de la force vitale avec l'activité cristallogénétique, proposée par Ehrenberg, il en admettait l'analogie dans le sens d'une activité intérieure indépendante dirigée à former, spécifier et conserver l'unité dans son intégrité, ainsi qu'à en constituer l'espèce. Tous ses travaux se concentraient sur la marche du développement de l'unité minérale cristallisée et sur l'explication des soi-disant anomalies dans les cristaux».

‹Son rêve favori était de vivre jusqu'à l'époque où le minéralogiste pourrait par le rapport des axes d'élasticité de l'éther et le caractère de la dispertion des bissextrices, ou seulement des axes optiques, supputer toutes les propriétés d'un minéral, si même il lui était inconnu. Mais il n'eut pas le bonheur de voir réalisé ce désir: toutes ses longues et minutieuses recherches sur la polarisation, les houppes d'interférence des différents minéraux et tous les précieux matériaux qui ouvraient un aperçu nouveau sur la constitution des cristaux sont restés en grande partie non décrits et sont perdus pour la science par suite de sa mort».

«Ce qui a fait immensément de tort à M. Tolstopiatow, c'est qu'il n'aimait pas à écrire quoique ce fut. Il trouvait que le travail mécanique de l'écriture entravait l'essor de la pensée et de la parole. Lorsque ses amis le pressaient de se hâter d'imprimer ses ouvrages, il disait en riant que le principal était fait, et qu'il ne lui restait plus que le plus désagréable, c'était d'émettre d'une manière succinte ses recherches, de faire les dessins, puis il n'y aurait qu'à publier successivement ses investigations. Malheureusement il remettait toujours à plus tard cette désagréable besogne et continuait ses recherches. Il ajoutait aussi, qu'il lui était pénible de se séparer de son oeuvre favorite, de terminer un travail qui l'avait occupé tant d'annés pleines de doutes et de jouissances intellectuelles, lorsque ses vues et ses hypotèses se réalisaient».

« Ennemi déclaré de tout travail en minéralogie dénué d'idée, il exigeait une faculté créatrice, qui puisse illuminer les faits acquis et en déduire une loi, une théorie. Poétique par le fond de sa nature, il resta poète dans la science: il chercha toujours à réunir la masse des faits épars et des observations séparées sur la nature des minéraux par une idée générale qui leur donna une nouvelle existence».

«Confiant envers les autres, défiant envers soi-même, ce professeur d'une si vaste érudition se distinguait par la modestie avec laquelle il menait son oeuvre. Jamais il ne se laissa entraîner à des découvertes futiles; cette sorte de gloire ne lui souriait guère. Profondément adonné à l'étude de la minéralogie il a toujours travaillé mu par le désir de reconnaître les grandes lois de la nature».

Durant son professorat, outre les cours publics sur les aérolithes, déja mentionnés, il en prononça sur les diamants, fit plusieurs références dans la Société Impériale des Naturalistes de Moscou sur le sel de Welitschka, sur les topazes avec démonstrations, sur l'aérolithe de Pultusk et autres. Il prononça à la réunion solennelle de l'Université, en 1875, un grand discours «*Sur l'organisation des minéraux*» et en 1888, le jour de la séance solenelle de la Société Impériale de Moscou, qui eut lieu cette fois-ci dans la salle d'acte de l'Université, un discours sur «*les Illusions, le scepticisme et les aspirations des naturalistes. Fluctuation des idées scientifiqües. Idées cosmiques*». Le discours annoncé attira une masse de monde. — La difficulté de la lecture dans un emplacement si vaste et si plein de public, les ovations et l'enthousiasme qu'il éveilla l'émurent trop, il ne se décida plus à remonter en chaire publiquement. Ce fut son chant de cygne.

«Savant spécialiste en minéralogie M. Tolstopiatow possédait une instruction solide et variée. C'était un fin connaisseur d'histoire et de littérature. Il faisait ses délices de la lecture de Schackspeare, Schiller et Goethe; il aimait nos classiques, surtout Gogol et Pouschkine, dont il connaissait les oeuvres presque par coeur; il se laissait entraîner par Tourgeneff. Il lisait aussi les oeuvres de notre époque, mais elles ne le satisfaisaient pas entièrement. En été, lors des sombres soirées, il s'attardait à la lecture des ouvrages historiques, des monographies détaillées, des romans de Walter-Scott, qui le séduisait par la naïveté de ses récits et la chasteté de ses images».

«Possédant une mémoire colossale il s'appropriait en plein ce qu'il avait lu une fois et ne l'oubliait jamais. Voilà pourquoi, en causant avec lui, on sentait une érudition profonde et un esprit éclairé. Il suffisait de citer un nom historique, d'attirer son attention sur une question sociale, politique ou littéraire pour faire jaillir le torrent de son éloquence si vive, si pleine de verve. Parlait-il de la religion ou de la philosophie, il faisait toujours preuve d'une grande largeur de vues, d'une vaste connaissance des faits, d'une impressionnabilité toute cordiale».

«Ne sachant mentir ni à soi-même, ni aux autres, ses paroles étaient toujours empreintes d'une conviction profonde.

Aussi estimait-il la sincérité dans les autres à un haut point. Toute personne qui s'adressait à lui trouvait un accueil bienveillant, un conseil utile et une réponse satisfaisante dans ses perplexités. Malgré son caractère vif il ne nourissait jamais de rancune, et, vu la bonté innée de son caractère, oubliait vite les torts qu'on avait envers lui.—Dans la vie domestique il mettait beaucoup de coeur dans toutes ses relations et de sollicitude pour ceux qui l'entouraient, non seulement pour sa famille, mais même pour ses serviteurs; aussi en fut-il adoré et, à sa mort, pleuré comme un bienfaiteur.

‹Indépendant par caractère, doué d'une rapide appréciation des hommes et des faits, il s'est rendu cher non seulement à ses amis, mais à tous ceux qui l'ont connu›.

PRÉFACE.

Il y a plus de vingt ans que l'auteur des notes publiées dans cet opuscule émettait les données suivantes dans une publication russe, parue en 1869 sous le titre de «*Problèmes généraux de la cristallogénèse*» — «trouver la relation entre la «forme du cristal et sa structure, montrer le rapport qui «existe entre la structure et la distribution des directions qui «manifestent les forces cristallogénétiques, déterminer les con-«ditions de l'équilibre moléculaire du cristal et mettre le tout «en rapport avec la composition chimique du minéral — tels «sont les problèmes généraux qui doivent servir de base à «l'étude de la cristallogénèse... Cette étude se fait d'une ma-«nière plus facile et plus rationnelle par la voie analytique».

Ces problèmes continuèrent à l'intéresser jusqu'à la fin de ses jours. Il entreprit une série de recherches afin d'expliquer les anomalies et les phénomènes des cristaux. Il lui semblait possible d'arriver à de nouvelles vues sur la structure inté-rieure des cristaux en prenant pour base sa théorie pyra-midale.

Ses observations l'avaient depuis longtemps couvaincu de la probabilité de sa théorie, mais, vu l'importance de la question, il ne cessait de chercher de nouvelles preuves à l'appui de ses idées. Appliquant à ses études une critique sévère il ne se hâtait pas de publier les résultats obtenus, il cherchait toujours de nouvelles preuves; enfin, sûr des faits, ayant la possibilité de les prouver par les exemplaires des cristaux qu'il avait rassemblés, il se promettait de commen-cer bientôt l'ouvrage consacré à cette question, lorsqu'une inflammation des poumons vint définitivement ébranler sa santé, déjà chancelante à la suite d'une maladie du cœur et le conduisit au tombeau.

Il n'eut pas le temps d'exposer ses idées, d'en assumer les preuves, d'en développer les données, mais l'exactitude de ses observations est garantie par la passion qu'il mettait à l'étude et la consciencieuse précision de ses recherches. Moi qui a été témoin pendant tant d'années de l'ardeur, de la persévérance et de la précision de ses investigations, je suis profondément persuadée que le temps lui donnera raison et que, ci ce n'est maintenant, alors plus tard, sa théorie finira par triompher.

Il n'aimait pas le procès mécanique de l'écriture, c'était trop lent pour le cours rapide de ses idées; doué d'une mémoire prodigieuse, il remettait toujours à plus tard l'exposition par écrit des donnée acquises *. Mais sa fin prématurée interrompit l'exécution de ses projets. Il est fort heureux que parmi les papiers du défunt, il s'est trouvé des notes qui se rapportent aux recherches et aux études, dont il s'est assidûment occupé pendant les dernières années de sa vie. Le plus grand nombre concerne ses recherches sur les phénomènes des figures époptiques et sur la structure intérieure des cristaux.

La publication de ces notes commence par un travail sur les houppes, il était destiné à un mémoire qui avait pour but, d'aqrès les paroles du professeur: 1) d'exposer la différence des houppes d'avec les anneaux d'interférence, 2) de démontrer les modifications des houppes et des anneaux d'interférence a) quand les houppes sont séparées des anneaux, b) quand les unes s'entrerecouvrent par les autres.

Publiées comme elles le sont, ces notes paraîtront peut-être vagues, inachevées; on y trouvera des omissions, des fi-

---

* Son aversion pour l'écriture était si grande que toutes ses communications aux séances de la Société des Naturalistes sur les topazes, le sel de Welitchka, etc. n'ont jamais été publiées, malgré les instances de M. Fischer von Waldheim et de M. Renard, alors Présidents de la Société.

gures inexpliquées; mais je prie de vouloir bien admettre qu'elles n'étaient pas destinées à la publicité dans leur état actuel; ce sont des notes écrites à fur et à mesure des observations faites; ce sont des remarques peut-être même pas relues. Elles devaient servir de programme pour l'ouvrage détaillé que le professeur se proposait de publier plus tard.

Quoique ces notes ne soient que des fragments du tout qui devait paraître, néanmoins la conscience de ce qu'un esprit scrutateur, circonspect, a consacré à ces questions son savoir, son amour et sa peine m'engage à les faire connaître à ceux qui comme lui aiment suffisamment la science pour s'intéresser à chacun de ses pas.

Je me décide donc à publier ces feuilles volantes malgré leurs insuffisances, sachant qu'on y trouvera l'extrait de ses occupations prolongées; que c'est le résultat d'une oeuvre à laquelle il a mis son âme, à laquelle il consacra tout le temps qu'il eut à sa disposition et qui lui servit de jouissance, de consolation et d'abri contre les orages de la vie, auxquels nul n'est soustrait. J'espère que les personnes sérieuses, qui voudront bien prêter attention à ces fragments, jugeront avec réserve un ouvrage qui n'a plus son auteur pour l'expliquer et le défendre. S'ils trouvent des thèses peu démontrées—qu'ils ne se hâtent pas d'exprimer leur doute ou blâme, mais qu'ils attendent que le temps et la science confirment ou réfutent les données énoncées.

Je remercie sincérement les personnes qui m'aidèrent dans la rédaction de ce travail: M. Kriloff, ancien élève bienaimé de mon mari, membre de la Société des Naturalistes de Moscou et d'autres Sociétés Savantes qui mit en ordre les papiers trouvés, et M. le dessinateur Barkoff qui avec grand soin et patience reproduisit artistiquement les phénomènes des houppes et des anneaux d'interférence d'après les préparations de mon mari.

Il ne me reste maintenant qu'à invoquer l'indulgence du public pour les erreurs qui se sont peut-être glissées dans ce travail, vu mon ignorance, et à souhaiter que les données acquises par un esprit persévérant puissent servir de guide dans l'édification du majestueux monument de la science, que crée l'humanité dans son désir incessant d'explorer les divines lois de la nature.

J'aime a terminer cette préface par les paroles du poète *:

> ... tout homme a trop peu de jour pour sa pensée,
> La main sèche sur l'oeuvre à peine commencée....
> Les monuments complets ne sont pas oeuvre d'homme,
> Un siècle les commence, un autre les consomme.

E. Tolstopiatow.

---

* Lamartine.

RECHERCHES MINERALOGIQUES

du

Professeur M. TOLSTOPIATOW

———

INTRODUCTION.

Parmi les sciences naturelles, nulle n'a suivi dans son développement une voie aussi rapide que la Minéralogie. Il y a à peine un siècle qu'on lui a reconnu le droit d'existence dans la liste des autres sciences, alors que les données confuses concernant la grande importance de la forme cristalline et de son rapport à la physique et à la chimie prirent le caractère de déductions scientifiques, basées sur des faits qui ouvrent une voie nouvelle à des recherches systématiques sur les minéraux. Malgré ce court espace de temps elle ne resta non seulement en retard comparativement aux autres sciences, mais elle devança plusieurs d'entre elles par la quantité des faits rassemblés, des généralisations, des déductions et des modes précis d'investigation. Soit à cause de ce rapide développement de la Minéralogie, soit parceque l'objet qu'elle traite—l'unité minérale—dérobe son essence aux investigations, soit enfin à la suite d'une trop grande confiance aux autorités scientifiques, ses adeptes eurent nombre de déceptions qui ne font qu'augmenter à mesure de son extention. En ce moment ces déceptions prennent un caractère ardent et tout fait pressentir l'approche d'une grande révolution dans la direction des sciences minéralogiques. La thèse qui sert de base à cette science, proposée par l'immortel Haüy fut ébranlée par le polymorphisme et l'isomorphisme de Mitscherlich. Ce ne fut pourtant qu'un échec momentané, car Haüy expliqua ces phénomènes par la différence de la struc-

1

ture moléculaire en présence d'une constitution stéchométrique identique.

Mais voilà qu'on découvre les stratifications isomorphes, les mélanges isomorphes et enfin les cohésions mécaniques de plusieurs espèces minérales en un ensemble, sous la forme d'un minéral simple, comme l'a démontré Tchermak dans les feldspaths. Probablement nous ne parviendrons pas bientôt à résoudre ce problème.

Une autre thèse encore plus importante, qui sert de base à la précédente — la constance de l'angle dièdre — est aussi grandement débattue. Je croyais si fermement à l'infaillibilité de cette thèse, qu'après avoir observé il y a quelques années la déviation de l'angle dans le prisme fondamental de la topaze du Brésil, l'ayant trouvé égal à 124° sans minutes, je me défiai de moi-même. Quoique j'eusse mesuré d'une manière très précise à l'aide du goniomètre de réflexion, après avoir pris toutes les précautions nécessaires, et que j'eusse ensuite mesuré l'angle plan au microscope dans une mince lamelle détachée très nettement, je ne trouvai pas de minutes. Cependant je ne me suis pas décidé à attirer sur ce fait l'attention des savants, me bornant à le communiquer à mon auditoire lors d'une leçon, en l'expliquant comme une rareté du règne minéral.

Les recherches sur les propriétés optiques et, avec leur aide, l'explication de la structure intérieure des minéraux laissent une impression désolante. De nouvelles méthodes d'investigation, des instruments perfectionnés nous révèlent des détails de structure et des phénomènes dont la présence déconcerte le minéralogiste, parce qu'il ne trouve pas possible d'expliquer ce qu'il voit à l'aide du microscope. Il faut se contenter de l'observation des faits ou recourir à des hypothèses fondées sur d'autres hypothèses, témoin par rapport aux stratifications isomorphes non encore constatées, ou à des théories moléculaires purement théoritiques et autres. Un observateur persévérant sera difficilement satisfait à la suite de semblables explications.

Il y a ordinairement dans les sciences deux tendances opposées: ou une manière pédantesque de se soumettre aux principes fondamentaux, ou une tendance à y adopter tous les faits acquis par l'expérience et l'observation. La première se comprend d'elle-même,—sans principes il n'existe pas de doctrines, sans base on ne peut ériger un édifice. Mais rien ne justifie la seconde tendance qui est entièrement opposée à la première. C'est une façon tranquille, on peut même dire négligente, d'envisager certaines particularités qui contredisent évidemment les principes et que l'on prend soi-disant pour des accidents qui ne valent aucune attention.

Cela ne nous rappelle-t-il pas la tendance qui régnait jadis dans l'explication, comme jeu de hasard, de tout ce qui était incompréhensible? Ainsi nous voyons que l'écartement de l'angle dièdre de quelques minutes trouble les savants, quant à l'altération de la forme cristalline, on n'y fait presque aucune attention. Sans nier l'importance du fait ci-dessus, on ne peut cependant trouver normale cette indifférence envers les monstruosités quelquefois si frappantes du cristal. Nous voyons aussi quelquefois que l'application d'un principe est peu appropriée au fait observé, cela frise la négligence. On aperçoit, par exemple, des stries sur la surface du cristal et on les explique tout de suite par des mâcles, qui en réalité n'existent pas, alors même que les phénomènes optiques paraissent les démontrer. Pour ne pas tomber dans l'erreur, il faut en pareil cas approfondir la nature du fait et expliquer les traces de certains cristaux, restées sur le plan cristallin, par l'existence accidentelle d'un autre fait qui y est étranger. Ces traces sont ordinairement attribuées à des cristaux d'un autre minéral, quoique aucun d'eux ne se soit conservé sur la surface plane. Sans quelquefois nier la justesse de cette proposition, il faut convenir que pour la plupart du temps elle est erronée. Personne ne se pose la question suivante: pourquoi aucun de ces cristaux ne fait partie du cristal observé, ou pourquoi du moins ne voit on pas sur sa surface aucun des cristaux du minéral étranger supposé. Ensuite ce ne sont

1*

que les cristaux très développés, les cristaux parfaits, qui
attirent l'attention particulière du minéralogiste. L'éclat de
ses faces et son entière transparence sont cause que l'on se
passionne pour la détermination des angles dièdres et des
angles des axes optiques jusqu'à la précision de quelques secondes. Un minéralogiste plus modeste répète ces mesures,
ne trouve pas les chiffres attendus, et se tait en présence des
autorités. Il se défie de ses forces et craint de publier les
résultats de ses travaux pour ne pas être pris pour un igno-
rant. Quelquefois une autorité même répète plusieurs fois les
mêmes mesures, trouve d'autres chiffres, mais classe cela
parmi les accidents fortuits; il classe aussi les groupes si
constants et si bien proportionnés d'une espèce minérale donnée parmi les accidents et leur donne des dénominations
non scientifiques, par ex. celles de gerbes, de grappes, de
peigne, etc.

Je suis loin de le reprocher aux autorités de génie. Je vénère
leurs idées immortelles, et ce n'est qu'en suivant leurs grands
préceptes que je puis continuer mes modestes recherches. Je
ne me soulève que contre la routine et les esquisses banales qui
mettent en second plan la solution des questions, concernant
l'organisation des minéraux. Souvenons nous de l'immortel
Werner qui conseillait d'observer le minéral tel qu'il est et
de ne le détruire qu'en cas d'extrémité; souvenons nous aussi
avec gratitude de Folger et de sa pathologie et écoutons
leurs conseils.

Le minéralogiste n'a-t-il pas été entrainé trop loin dans
l'application à sa science bien-aimée des principes mathématiques? Est-il juste d'identifier la forme cristalline avec le modèle
géométrique? Est-il juste de nommer monstruosité toute difformité, la moindre déviation du cristal de sa forme géométrique ainsi que la convexité de sa surface, tandis que lui-
même prend ces convexités comme résultat de la cristallogénie.
N'y a-t-il pas une idée fausse dans cet aperçu, qui ne comprend les autres règnes de la nature — les végétaux et les

animaux? * En effet, la tête de l'homme ne nous présente-t-elle
pas aussi une certaine figure géométrique si on lui enlève
toutes ses parties saillantes, c. à d. le nez, les oreilles, etc.
et que l'on soustrait toutes les inégalités en les comptant
comme des difformités contraires à la nature. Cette idée ne
vient certainement à personne. Au contraire, le caractère des
inégalités de la tête avec leurs dimensions nous caractérise
la différence de race des peuples, ou bien des défauts organiques. Le nez, les oreilles, les orbites des yeux sont regardés
comme l'attribut indispensable de la figure. Celui qui voudrait
le nier serait tenu pour fou. Cet exemple est trop grossier;
il blesse le bon sens, car notre idée de la forme de la tête
est entièrement arrêtée et nous y sommes habitués; mais que
d'animaux et de végétaux nous présentent, en tout ou en partie,
un contour géométrique régulier, et pourtant personne ne
pense à déterminer les éléments géométriques de ces figures,

---

* On rejette entièrement l'élément géométrique dans la caractéristique
des corps organiques, et l'on donne à certaines plantes des dénominations
géométriques, par. ex. le peuplier pyramidal, le cèdre pyramidal, le sapin
pyramidal. Si pour certaines plantes l'épithète géométrique ne sert qu'à en
caractériser la variété, pour beaucoup d'autres elle doit s'étendre à tout un
genre. Ainsi deux arbres de la même famille se distinguent l'un de l'autre
d'une manière tranchante par leur caractère géométrique—c'est le sapin et
le pin. En regardant de loin le sapin, il nous semble voir une pyramide
verte. Nous ne le prenons pas pour une pyramide véritable car nous sommes habitués a ce que l'idée d'une plante est incompatible avec une forme géométrique. Nous savons que ce n'est pas un corps intégral, mais que
c'est un ensemble de tiges, de branches et de feuilles, que la forme
pyramidale du sapin n'existe que dans l'imagination et qu'elle est le résultat de ce que mentalement nous faisons passer par les extrémités de ses
branches une ligne tangente. Je ne sais quel est le rapport approximatif
de la base à la hauteur dans la pyramide du cèdre, du sapin, du peuplier,
je ne sais si le nombre des plans qui forment les pyramides de ces arbres
est constant, mais je sais que l'on renie entièrement la nécessité de déterminer les éléments géométriques de ces figures. Le pin approche rarement
par ses contours de la forme pyramidale. Il nous rappelle plutôt un ellip-
soïde ou une figure ovale. Cette différence géométrique le distingue de loin
du sapin.

comme il est reçu de le faire pour les cristaux. Il est vrai qu'ici toutes ces figures sont limitées par des surfaces curvilignes, ce qui d'après l'opinion de Linnée et de ses contemporains forme une des distinctions importantes du minéral par opposé aux corps organiques.

I.

NOTES

SUR LES PHÉNOMÈNES DES HOUPPES.

Revue historique.

La polarisation, bientôt après sa découverte, fut largement appliquée en minéralogie. C'est grâce à elle que purent être étudiées les propriétés optiques des minéraux, si intéressantes et si importantes sous le rapport de leur précision. Les phénomènes du polychroïsme, de la dispersion des axes et des bissextrices, le nombre et la situation des axes optiques ainsi que leur angle ne peuvent être observés et déterminés avec la précision nécessaire que dans la lumière polarisée, particulièrement si les conditions sont favorables à l'interférence; il s'entend que pour l'étude de ces phénomènes il faut avant tout avoir une lame cristalline convenablement préparée et placée entre deux tourmalines ou deux Nicols, ce qui permet d'apercevoir les anneaux d'interférence. Mais depuis longtemps déjà on a reconnu l'existence de cristaux qui par eux mêmes, sans autres instruments auxiliaires, donnent dès anneaux analogues ou semblables. Ces cristaux sont nommés «idiocyclophanes». Erman le premier y a fait attention et a démontré que ce sont des macles particulières. Observant ce phénomène pour la première fois dans l'aragonite il détermina même le caractère des macles de ce genre. Miller prépara artificiellement une macle semblable en aragonite; c'est ainsi qu'il confirma par l'expérience les données de l'observation. On aperçoit à travers une macle pareille quatre systèmes d'anneaux.

A côté de ce phénomène dans les cristaux idiocyclophanes on en remarqua bientôt un autre non moins intéressant, mais qui néanmoins jusqu'à présent n'a pas été étudié complétement. C'est le phénomène des houppes. Nous en devons les premières observations à Brewster. Il le découvrit à la suite de ses études sur le polychroïsme de certains minéraux. En 1818 il l'aperçut dans la cordiérite, l'épidote, l'axinite, le mica et la topaze.

Nous apercevons donc dans les cristaux idiocyclophanes (à la lumière naturelle) deux sortes de figures époptiques: ce sont les anneaux d'interférence et les houppes. Ces dernières surtout attirèrent l'attention des minéralogistes. Herschell essaya le premier d'expliquer ce phénomène. Il supposait que les houppes n'étaient qu'une figure d'interférence peu prononcée.

Si nous examinons une lame cristalline taillée perpendiculairement à l'axe optique entre deux Nicols ou deux tourmalines, nous voyons distinctement les anneaux d'interférence avec leurs couleurs caractéristiques. Mais quand une tourmaline manque, la figure devient moins prononcée. Si nous ôtons le second polariseur, la figure devient tout-à-fait effacée et cède sa place au phénomène des houppes simples (Pl. 1. Fig. 0.—1, 0.—2). Pour expliquer comment les houppes ne sont que des anneaux effacés, Herschell suppose «que le cristal qui donne les houppes est un cristal irrégulier dans lequel les axes des diverses parties ne coïncident pas». Ce phénomène a été observé et étudié plus tard par Haidinger, Biot, Sénarmont et ensuite par M. M. Rischard, Bertin, E. Bertrand, Mallard et d'autres, que je citerai plus bas.

M. Bertin, qui consacre à ce phénomène un grand mémoire détaillé, expose d'une manière assez étendue l'histoire des recherches à ce sujet et ses propres observations à la lumière

polarisée. Dans son mémoire de 1878 il attribue au polychroïsme une part importante dans la production du phénomène des houppes. Cette nouvelle explication en réalité se
distingue peu de celle qu'a proposée Herschell, puisque M. Bertin,
lui aussi, compte les houppes pour des anneaux d'interférence
qui sont très effacés et dit à ce sujet: «Nous sommes ainsi
amenés à considérer le phénomène des houppes comme un
cas particulier des franges des cristaux biaxes perpendiculaires
à l'un des axes, et, par conséquent, nous devons commencer
par rappeler à notre mémoire la théorie de ces franges».
Plus loin il émet la théorie de ce phénomène. (N'étant pas
d'accord évidemment avec l'opinion de Herschell, que les cristaux donnant les houppes sont de structure irrégulière et très
compliquée, M. Bertin dit: «Pour moi je n'ai jamais remarqué
d'irrégularité dans les anneaux d'Andalousite, par exemple»;
mais il ne dit pas s'il a trouvé des irrégularités dans les
cristaux d'épidote qu'il a examinés minutieusement).

Dans ses recherches sur le phénomène des houppes M. Bertin
partage en deux groupes non seulement les figures époptiques,
mais aussi les cristaux idiocyclophanes qui les manifestent.
Il dit: «les uns des cristaux sont colorés et alors ils sont
toujours polychroïques; les autres sont incolores, et alors ils
sont toujours maclés. Dans le premier cas, le phénomène se
réduit à des houppes; dans le second cas, on voit de véritables franges». De cette manière il suppose que ces deux
sortes de phénomènes, les houppes et les figures d'interférence,
sont incompatibles, c. à d. qu'ils ne peuvent se manifester
simultanément dans le même cristal. Puis après, il porte toute
son attention sur les houppes ou, pour s'exprimer d'une manière exacte, sur les figures d'interférence, avec lesquelles il
recouvre les houppes en éclairant la préparation au moyen
de la lumière partiellement ou entièrement polarisée. Pour
cela il place devant ou derrière la lame du cristal donnant
les houppes une lame de tourmaline, ou bien il met la préparation entre deux lames de tourmalines parallèles ou croisées.
Ces recherches nous apprennent comment les figures d'inter-

férence se modifient en rapport avec le caractère de la lumière polarisée. (Il est à regretter que les dessins joints au mémoire ne soient pas colorés, ce qui aurait été très utile et même indispensable, car la description des figures de l'interférence est très superficielle; elle se borne à la citation des dessins, qui peuvent servir tout aussi bien à la caractéristique générale des figures d'interférence de tous les cristaux anisotropes).

Aussi que peut on attendre d'une observation si la lame cristalline est incluse entre deux puissants polariseurs? Dans ce cas le phénomène des houppes cède sa place à celui de l'interférence dans tous les cristaux. Il n'y a que la Fig. 3. de son second mémoire qui fait voir certaines particularités du caractère optique des cristaux donnant les houppes et encore, n'étant pas colorée, elle n'est compréhensible que pour celui qui l'a observée lui même dans une lame particulièrement favorable.

Lorsque le mémoire de Mr. Bertin parut, il fit époque parmi les investigateurs de ce phénomène, car il évoqua une série d'observations et d'idées jusqu'alors oubliées.

Au commencement de son mémoire Mr. Bertin indique deux conditions générales, nécessaires à l'observation du phénomène des houppes: ‹1. Les houppes ne s'observent que dans les cristaux biaxes polychroïques. 2. Elles sont toujours perpendiculaires au plan des axes et centrées sur le point où l'axe optique perce le cristal›.

Mr. Emile Bertrand, dans son mémoire, rejette ces deux conditions. Il démontre avant tout que le phénomène des houppes est visible dans la lumière naturelle, comme dans la lumière polarisée dans les cristaux de platinocyanure de magnésium, de la tourmaline, des micas, de la pennine et, en général, dans tous les cristaux dichroïques à un axe.

Malgré tous mes efforts, je ne suis pas parvenu à l'observer, et l'assertion de Mr. E. Bertrand doit être soumise au doute, d'autant plus qu'après de nombreuses recherches sur les déformations des cristaux, nous perdons involontairement sou-

vent confiance en nos observations et nous ne pouvons dire
avec assurance, si le cristal que nous venons d'examiner est
à un ou à deux axes optiques. Ce sont surtout les cristaux
de la tourmaline, du mica, de la pennine et beaucoup d'autres
qui font tomber facilement dans l'erreur, car il est prouvé
qu'ils sont presque toujours anormaux. Par conséquent, la
question suivante se présente: les cristaux à un axe, dans les-
quels Mr. Bertrand a observé le phénomène des houppes,
l'étaient-ils effectivement? Ce doute est d'autant plus fondé,
qu'il dit plus loin lui-même: «mais il faut, pour ces cristaux,
incliner légèrement la lame successivement dans différents
sens, afin de l'observer sous des obliquités suffisantes pour
que le phénomène soit appréciable à l'oeil». Par cela Mr. Bertrand renie aussi la seconde thèse fondamentale qu'a proposée
Mr. Bertin dans son mémoire, savoir que les houppes ne peuvent
être aperçues que dans la direction de l'axe cristallin. Cela
donne lieu à des erreurs qui peuvent provenir des quatre
raisons suivantes:

1. L'insignifiance extrême de l'angle entre les axes optiques
peut facilement faire prendre le cristal pour un cristal à un
axe, (celui que l'on cherche).

2. Il peut y avoir anomalie dans la structure du cristal.

3. La figure d'interférence peut être prise pour les houppes,
ce dont je parlerai plus loin.

4. Les houppes du ciel bleu, vues à travers la lame cristalline et modifiées, peuvent être prises pour les houppes de
la lame elle-même.

Tout œil n'est pas capable de voir immédiatement ce dernier phénomène, découvert par Haidinger; mais nous savons
que l'on peut en faciliter l'observation en plaçant devant la
préparation, ou bien entre l'oeil et la préparation, un prisme
de Nicol. Dans ces conditions chacun peut voir le phénomène
en question. Il s'entend que si nous l'observons à travers une
lame dichroïque du cristal, les houppes de l'atmosphère nous
apparaissent plus saillantes et prennent les couleurs des axes

du cristal à la suite de la différence d'absorption des rayons ordinaires et extraordinaires.

Suivent les hypothèses de M. M. Cornu, Mallard et Friedel qui nient la participation de l'interférence dans le phénomène des houppes.

Mr Cornu pense «que l'apparence *des houppes sombres* est essentiellement un phénomène d'absorption et non d'interférence. Mais il faut se placer dans des conditions bien définies et éviter les phénomènes secondaires».

Mais il dit plus loin «que les circonstances normales énoncées plus haut ne sont pas toujours remplies et alors le phénomène se complique des apparences de la polarisation chromatique, en particulier des anneaux dont-il a été question».

Mr Mallard approuve complètement l'opinion émise par Mr Cornu, mais il pense qu'on pourrait serrer la question de plus près et esquisser une théorie générale des houppes, vues dans les cristaux polychroïques. Il propose une théorie que l'on ne peut qu'approuver et qui porte l'empreinte du caractère purement français: elle est simple, évidente, convainquante et ingénieuse.

Mr Friedel va plus loin. Il pense que «le phénomène des houppes est un simple phénomène d'absorption dans lequel les interférences n'interviennent qu'exceptionnellement».

Toutes ces théories de Herschell et Mr Bertin d'un côté — et de M. M. Cornu, Mallard, Friedel de l'autre, nous font conclure que malgré leurs controverses elles sont justes en partie, il ne faut qu'élargir l'idée sur le phénomène des houppes.

Herschell admet comme une des causes de ce phénomène l'irrégularité et les complications dans la structure, mais il ne nous dit pas en quoi consistent ces complications. Il dit entre autre qu'elles se réfléchissent dans l'irrégularité des figures de l'interférence. Mr. Bertin nie l'existence de ces causes. Cette différence d'opinion s'explique facilement, si nous observons que Herschell et Mr Bertin ont étudié les cristaux idiocyclophanes, donnant les figures époptiques, d'une manière différente. Herschell étudia les houppes et les figures d'interférence dans des cristaux entiers et put les voir en même temps; quant à Mr Bertin, il les observa dans des lames polies, taillées dans le cristal, dont les couches complicatoires avaient été préalablement ôtées par le polissage. Pendant l'observation il recouvrait artificiellement les houppes avec des figures d'interférence en faisant usage des polariseurs. L'on a beau vouloir découvrir les complications dans l'épidote par exemple, on y réussit difficilement, car ces complications ne sont pas de celles que nous remarquons facilement dans les cristaux maclés à la lumière polarisée. Ainsi, une lame perpendiculaire à l'orthodiagonale peut nous paraître simple, tandis qu'elle est fortement compliquée et peut donner des figures épopliques, comme quand le cristal de la lame se compose entièrement de lamelles qui forment des angles rentrants dans différentes directions et présentent les combinaisons les plus variées, Fig. 1; quant à leurs axes optiques—ils conservent toujours la même position. Cela

Fig. 1.

se remarque quelquefois même à l'examen extérieur du cristal. Ainsi, j'ai un exemplaire d'épidote de Sulzbach qui représente ce phénomène remarquable. Le bout du cristal, celui qui termine l'orthodiagonale, présente une espèce de ramification et se compose de lamelles qui ne s'entretouchent même pas; mais chacune de ces lamelles forme un cristal séparé.

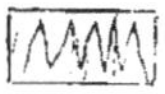

Mode d'observation.

Les figures épopliques nous présentent un phénomène délicat au plus haut degré; pour les observer on a besoin de beaucoup de précaution. On doit faire grande attention à toutes les conditions dans lesquelles elles se manifestent. Ces observations sont difficiles surtout dans les épidotes, dont les cristaux sont toujours plus ou moins compliqués. C'est une chance rare de trouver un cristal d'épidote qui, tout en étant simple, ait toutes les conditions nécessaires pour l'observation: qu'il soit fortement saturé de couleur, fortement polychroïque, assez épais et transparent, que ses deux faces du même nom, à travers lesquelles on voit le phénomène, soient unies, assez larges, tout-à-fait parallèles et également développées. Mais comme ces conditions sont presque impossibles, en examinant le phénomène à travers deux faces parallèles quelconques, j'étais obligé de tourner vers l'oeil tantôt l'une, tantôt l'autre de ces faces et je trouvais que ce mode d'observation donnait deux résultats différents. Outre que j'étudiais de cette manière les modifications du phénomène, je pouvais, en partie du moins, deviner aussi la cause de ces modifications, dépendantes du caractère des complications du cristal. Outre cela, tenant devant l'œil une seule et même face, et ne faisant que l'avancer tantôt d'un côté, tantôt de l'autre, nous voyons le phénomène mieux ou pire, et quelquefois il arrive que dans ces différentes conditions il change d'aspect lui-même.

L'espèce de lumière par laquelle nous éclairons le cristal est d'une grande importance pour ce genre d'observations. Désirant éviter les complications du phénomène par suite des causes extérieures, nous devons nous servir avant tout de la lumière des nuages blancs, fortement éclairés par le soleil. Cette lumière, quoique polarisée, l'est si faiblement, que cela ne nuit pas à l'observation et elle nous aide beaucoup a recevoir une figure distincte *.

Examinons avant tout les figures époptiques d'un cristal dans la lumière naturelle, et puis dans la lumière polarisée. Pour obtenir cette dernière espèce de lumière nous nous servirons d'un Nicol, évitant soigneusement la lumière du ciel bleu.

Dans le prisme de Nicol le plan de polarisation et la vibration des rayons de la lumière sont constants et précisement fixés, de même que dans l'épidote; par conséquent nous pouvons déterminer plus facilement et avec plus de certitude la part que prend dans ce phénomène la lumière polarisée.

---

* Nous obtenons le même résultat en regardant à travers un verre mat, tout en dirigeant l'appareil vers le soleil.

Quant à la polarisation de l'atmosphère, l'on ne peut en dire
la même chose. Ce ne sont pas toutes les parties du ciel
bleu qui polarisent également. Les unes polarisent plus, les
autres moins ou pas dutout. Les régions polarisantes se trans-
posent constamment avec le soleil. Les plans de polarisation
semblent dispersés en différentes directions et changent aussi
sans cesse leur position. Cela complique infiniment l'observation, cela désenchante souvent l'observateur et lui ôte l'assurance du résultat obtenu. Mes recherches sur la polarisation
du ciel bleu à l'aide de l'épidote et inversement, c. à d.
l'observation des figures époptiques à l'aide de la polarisation
de l'atmosphère seront émises dans le dernier chapitre de ce
mémoire.

Prenons un Nicol et posons le devant le cristal ou bien
entre l'œil et le cristal. Il nous servira donc de polariseur
ou d'analyseur, et dans les deux cas il pourra être parallèle
ou perpendiculaire (dans les épidotes).

Pour éclairer le cristal par de la lumière issue d'une certaine partie du ciel bleu ou des nuages blancs, il est utile
de poser devant le cristal observé un tube de papier noir
mat.—Comme Brewster l'a déjà remarqué, le phénomène est
le même à l'œil nu, que lorsqu'on l'observe dans la lumière
polarisée perpendiculairement au plan des axes d'un cristal.
J'ai profité de cet avantage pour mes observations.

Si les sections principales de l'épidote et du Nicol coïncident, le caractère de la figure, dans les traits principaux, est
le même que quand le cristal est éclairé par de la lumière
non polarisée, mais les contours de la figure, qui se détache
sur le champ visuel, sont plus déterminés et ont plus de relief;
les couleurs sont identiques, mais plus intenses, et leur distribution est infiniment plus distincte. Cela prouve que le
cristal d'épidote contient tout ce qu'il faut pour manifester
les figures d'interférence et les houppes, car tout cela se voit
même à la lumière artificielle de la lampe sans cylindre
(c. à d. à la flamme nue), qui ne donne certainement aucune
lumière polarisée. En éclairant le cristal d'épidote par la

lumière polarisée qui traverse le Nicol nous avons un champ
visuel plus grand, où les figures d'interférence et les houppes
se détachent distinctement, quoique pas toujours. Pour éviter
ce dernier cas il faut placer le Nicol entre l'œil et le cristal
observé. Alors le champ visuel devient plus petit; mais en
examinant la figure par parties, nous pouvons facilement en
distinguer tous les détails.

Je suis bien content de pouvoir confirmer par mes observations la persévérance des faits obtenus par M. M. Brewster et
Herschell, dans leurs recherches sur les houppes, prouver la
véracité des conclusions faites par ces illustres savants et
concilier leurs opinions avec celle des savants célèbres de nos
jours: M. M. Bertrand, Mallard et autres, qui nous ont donné
de précieux travaux à ce sujet.

Pour mes recherches je me suis servi principalement des
cristaux de pouschkinite et d'épidote de Sulzbach, les ayant
en assez grande quantité. L'épidote surtout nous présente
beaucoup d'avantages, car elle est polychroïque au plus haut
degré, elle possède toutes les transitions de transparence, a la
dispersion des bissextrices très prononcée et une structure très
compliquée, ce qui nous donne le moyen d'étudier de tous
côtés les figures époptiques qu'elle manifeste. Dans ce cristal
nous pouvons non seulement voir en même temps les houppes
d'absorption et les figures d'interférence, ce qui jusqu'à présent était regardé comme incompatible, mais nous pouvons
aussi poser les bornes de ces deux phénomènes, c. à d. indiquer où se termine l'un et où commence l'autre.

Herschell a fait ses observations sur des cristaux entiers.
Quant aux autres savants, ils ont étudié le phénomène des
houppes dans des lames coupées perpendiculairement à l'axe
optique *. Certainement qu'il est plus commode d'observer le
phénomène dans ces dernières conditions et il se manifeste

---

* M. Bertin, par exemple, dit qu'il faut observer les houppes dans des
lames préparées perpendiculairement à l'axe optique, car il est difficile de les
trouver immédiatement.

à l'état simple, non compliqué. Mais la préparation des lames cristallines coûte très cher, car il est à souhaiter de les avoir en grand nombre, et quelquefois cela est impossible, vu le manque de moyens, par exemple à Moscou, où il n'y a pas de lapidaire qui connaisse l'existence des axes optiques. Soi-même, on n'a ni le temps, ni l'adresse, ni les instruments nécessaires pour les préparer*. Et encore, la préparation de telles lames d'épidote demande beaucoup de précautions. Il ne suffit pas de se guider seulement par le caractère cristallographique du cristal, mais il est aussi nécessaire de se persuader qu'il est effectivement homogène et non complexe, ce qui est souvent bien difficile, surtout dans les épidotes. La négligence sous ce rapport peut mener à de fatales erreurs. Sans nier la nécessité, dans certains cas, d'observer les houppes dans des lames perpendiculaires à l'axe optique, je me permettrai d'observer ici que l'étude du phénomène des houppes dans les cristaux non préparés n'offre aucune difficulté et présente souvent certains avantages. On peut voir le phénomène des houppes, soit simple ou compliqué, dans presque chaque cristal du pouschkinite ou de l'épidote de Sulzbach, pourvu qu'il soit translucide et pas trop épais. L'on voit les houppes à travers chaque deux faces parallèles de l'épidote qui sont normales à la direction du clivage, en tenant la face du cristal tout près de l'oeil et en l'inclinant seulement convenablement. Mais on voit le mieux les houppes à travers les faces M et r, qui sont aussi les plus fréquentes dans les cristaux d'épidote. Les axes optiques de l'épidote sont presque perpendiculaires à ces faces. Enfin le cristal naturel d'épidote nous présente à peu près les mêmes avantages qu'une lame normale à l'axe optique, car l'axe optique forme avec la normale un angle très aigu pour les faces M et r: il est de presque $9°$ pour la première face et de moins de $3°$ pour la

---

* Tandis que j'ai eu la possibilité d'observer ce phénomène dans 30 cristaux ou plus. Outre cela le champ d'observation s'élargit considérablement, car il embrasse un plus grand nombre de phénomènes.

2

seconde. En résumé, je trouve nécessaire d'observer les houppes dans des cristaux entiers, et non dans des lames préalablement préparées, parceque de cette manière:

1. nous pouvons observer le phénomène sans détruire le cristal;

2. nous disposons dans ce cas d'un plus grand matériel;

3. nous étudions le phénomène dans des conditions plus variées et par conséquent nous voyons un plus grand nombre de modifications: comme celles qui dépendent de l'épaisseur * du cristal et des faces qui le bornent, de même celles qui se manifestent dans la direction non d'un, mais des deux axes optiques.

Pendant l'observation nous pouvons regarder à travers le cristal en le tenant simplement entre les doigts et en le tournant vers l'œil tantôt d'une face, tantôt d'une autre; alors nous voyons les houppes dans la direction tantôt de l'un, tantôt de l'autre axe optique. Mais, pour rendre l'observation encore plus commode, il est utile de monter le cristal des deux manières suivantes: prenons un petit morceau de papier noir de presque 2 mil. d'épaisseur **; découpons dans le milieu une ouverture quadrangulaire un peu plus petite que la face à travers laquelle nous voulons observer le ¡phénomène et ensuite, à l'aide de la gomme d'Arabie, colons cette face du cristal à l'ouverture, de manière à la couvrir entièrement. Si nous voulons observer le phénomène à travers deux faces voisines, par exemple M et r, prenons un petit morceau de gros papier noir semblable au premier, de presque 2 mil. d'épaisseur, faisons y une ouverture dans les proportions de la longueur

---

* Ce n'est que dans les cristaux assez épais que nous pouvons apprécier la part de l'absorption chromatique et de l'interférence dans le phénomène des houppes. Nous voyons comment ces deux causes s'aident mutuellement, de combien chacune complique le phénomène et laquelle domine. Nous voyons ici la source de la diversité des opinions dans l'explication de la cause du phénomène des houppes.

** Les autres dimensions (la largeur et la longueur du papier) dépendent des dimensions du cristal.

du cristal, recouvrons en les bords qui sont plus longs d'une
petite couche de mastic gluant (dont nous nous servirons pour
coler le cristal sur le goniomêtre) et colons notre cristal, par
deux arêtes opposées, dans cette ouverture, de manière à ce
que les deux plans des faces M et r puissent être observées
en même temps. Ce dernier mode de préparation a le mérite
de nous offrir le moyen d'observer les houppes consécutivement
dans la direction tantôt de l'un, tantôt de l'autre axe optique,
en adaptant à l'oeil tantôt l'une, tantôt l'autre de ces faces
cristallines; cela est bien important, car les houppes ne sont
pas identiques dans les directions des deux axes, ce qui dépend de l'hémitropie des cristaux d'épidote.—Pour isoler les
rayons qui traversent la paire des faces parallèles à travers
lesquelles nous observons le phénomène, il est utile de recouvrir de papier noir toutes les autres faces.

Ces différentes montures facilitent beaucoup l'observation,
car elles ne permettent de pénétrer dans l'œil qu'aux rayons
qui traversent préalablement le cristal, et retiennent les autres,
qui sans ces précautions empêchent l'observation. Mais pour
rendre ces observations encore plus exactes et commodes, je
propose à l'attention de ceux qui s'occupent de ces recherches
un appareil fort simple mais qui nous présente les avantages
suivants:

1. Il nous donne le moyen de nous servir à volonté de la
lumière non polarisée ou polarisée à divers dégrés et en différentes directions, c. à d. plus ou moins parallèles ou perpendiculaires au plan des axes optiques de l'épidote;

2. de nous servir d'une forte lumière.

3. de diriger à volonté sur la préparation les rayons du
ciel bleu et des nuages blancs;

4. il nous garantit des obstacles que présentent souvent
aux observations différents objets étrangers, par exemple les
châssis des fenêtres, ce qui est bien important, car il n'est
pas toujours possible d'avoir une fenêtre formée d'une pièce
entière;

5. nous obtenons un énorme champ visuel, ce qui permet à l'image de se développer sur un grand espace. Dans les figures nous pouvons observer un plus grand nombre d'anneaux, car on peut voir non seulement ceux du centre, mais aussi ceux qui en sont très éloignés. Dans les houppes nous voyons la dispersion et l'écartement des couleurs.

6. Mon appareil me facilite l'observation dans les couleurs simples: le jaune, le rouge, le bleu etc.

7. Il n'exige pas la préparation de lame taillée dans le cristal.

8. Il nous facilite le dessin de la préparation.

9. Il est facile d'orienter l'appareil.

La Fig. 2 représente cet appareil *.

Ainsi donc pour mes recherches sur les figures époptiques je me servirai uniquement de cristaux d'épidotes entiers. Examinerons nous ces figures en tenant l'épidote simplement entre les doigts ou bien en l'ayant préalablement monté comme je l'ai indiqué plus haut, dans tous les cas nous approcherons autant que possible le cristal de l'œil et nous le tiendrons de manière à ce que l'arête $M : r$ et par conséquent les ortho-

---

* Il se compose, comme on le voit, d'une colonne de métal ou d'un support vertical (a) sur lequel on peut mouvoir librement une longue tige cylindrique (b) qui peut, à volonté, se relever, s'abaisser et être retenue dans la direction nécessaire au moyen d'une vis. Cette tige est percée à son sommet d'un trou dans lequel on arrête, au moyen d'une barre cylindrique de fer et d'une vis, un cylindre horizontal (c) en cuivre, court et large, qui peut, s'il le faut, être placé au sommet de la tige. Il se tourne librement dans l'anneau (d) qui le retient. Ce dernier cylindre peut aussi, au moyen d'une vis (e), être fixé dans la direction voulue. Un cercle gradué (h) se rattache à l'anneau pour marquer la hauteur et la direction de la position donnée au cylindre. D'un côté du cylindre on place un Nicol (f) monté d'une certaine manière, de l'autre une plaque (g) avec une ouverture au milieu pour placer le cristal enchâssé, que deux ressorts retiennent. Les vis des deux côtés de cette plaque permettent de la fixer à volonté. A l'extrémité inférieure de la tige il y a des divisions qui, en coïncidant avec la ligne tracée sur la colonne de fer, marquent dans quel cercle du soleil l'appareil a été fixé. Le tout est simple, peu dispendieux et se laisse facilement orienter. *Réd.*

diagonales soient horizontales. La dessus le plan des axes optiques est vertical et les houppes se disposent des deux

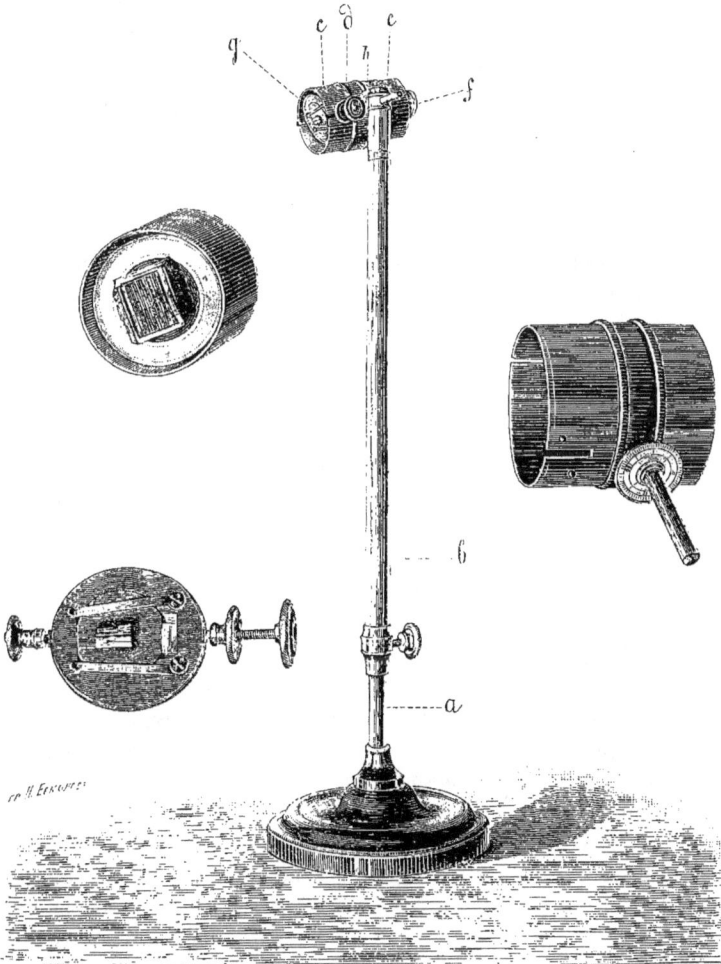

Fig. 2.

côtés de l'axe, à droite et à gauche, —donc les houppes sont horizontales.

Elles sont formées par les vibrations des rayons ordinaires et extraordinaires. Pendant l'observation il faut tenir le cristal de manière à ce que la frange verte soit au dessus.

Examinons avant tout le simple système des houppes, puis prenons le de plus en plus compliqué, quand les houppes sont accompagnées des figures d'interférence, et enfin quand ces dernières les recouvrent entièrement. Nous observerons chacun de ces phénomènes premièrement dans les rayons du ciel blanc et ensuite dans la lumière polarisée. Dans ce dernier cas, pour plus de précision, nous éclairerons le cristal avant tout par de la lumière qui aura traversé le prisme de Nicol et nous superposerons le plan des axes optiques de l'épidote à la section principale du Nicol ou bien au Nicol perpendiculaire, ensuite nous nous servirons de la lumière polarisée du ciel bleu.

. . . .

Sur la lumière naturelle et polarisée et sur le mode d'observation.

On dit qu'il y a deux sortes de lumières, la naturelle et la polarisée, auxquelles nous pouvons examiner le phénomène des houppes. La lumière naturelle nous vient du ciel blanc, la lumière polarisée – du ciel bleu ou bien c'est celle qui traverse préalablement le polariseur. Il faut remarquer avant tout que le nom de lumière «naturelle», donnée à celle qui nous vient du ciel blanc, n'est pas suffisamment exact, car la lumière polarisée du ciel bleu est aussi une lumière naturelle. Il aurait été plus sensé d'attribuer le nom de lumière naturelle à la lumière polarisée qui nous vient du ciel bleu, et donner le nom de lumière «artificielle» à celle qui est polarisée par un Nicol ou par une lame de tourmaline. Au reste laissons ces termes déjà établis.

La lumière provenant des nuages blancs est toujours partiellement polarisée, surtout si elle nous vient d'un nuage éclatant, fortement éclairé par le soleil, ou bien quand les rayons polarisés du ciel bleu traversent un nuage blanc très transparent. Passant à travers une vitre, la lumière naturelle d'un nuage blanc devient polarisée d'une manière plus intense et dans ce cas nous entrons dans le domaine des observations très compliquées.

Selon moi, une lumière non polarisée ne peut s'obtenir qu'avec la lumière d'une bougie ou d'une lampe sans verre. Et même dans ce cas, la lumière, après avoir traversé la lame du cristal, convenablement préparée, et le cristallin de l'œil, devient polarisée, car le cristallin, ayant une construction analogue au sphérolite, polarise la lumière dans tous les plans et nous sert toujours d'analyseur quoique très faible*. Son influence pourtant devient sensible et ne peut être négligée dans les observations des corps polychroïques qui nous donnent le phénomène des houppes**. Je suppose même que si le cristallin de notre œil n'était pas doué de cette propriété, nous n'aurions pas pu voir le phénomène des houppes, que nous pouvons observer maintenant non seulement à la lumière des nuages blancs éclatants, mais aussi à la lumière des nuages sombres.

Quant aux rayons du ciel bleu, ils sont, sans aucun doute, fortement polarisés; quelquefois le ciel bleu sans nuages peut complétement remplacer un Nicol, surtout si l'œil est très sensible et fonctionne comme un analyseur. Mais nous arrivons ici à des phénomènes excessivement compliqués***.

----

* L'œil est souvent très sensible: souvenons nous des observations des houppes de Haïdinger sur le ciel bleu. Certains yeux ne peuvent voir distinctement ce phénomène, qu'un œil normal observe seulement à travers des cristaux incolores biréfringents.

** Car ces sortes de cristaux sont très sensibles aux moindres influences de la lumière et changent remarquablement leur caractère optique, comme nous le verrons plus loin.

*** Pour observer le phénomène des houppes à la lumière polarisée, il faut avant tout se servir du prisme de Nicol ou de lames de tourmalines, puisqu'ils donnent une lumière énergiquement polarisée dans des plans déterminés; et puis on étudie le phénomène dans les rayons polarisés du ciel bleu.

Ainsi la lame cristalline, éclairée par les rayons du ciel bleu ou quelquefois blanc et analysés par l'œil, est en réalité placée entre un polariseur et un analyseur (quoique très faibles). Ces conditions suffisent pour évoquer des phénomènes d'interférence (accompagnés de houppes), que Mr Bertin a observé lorsqu'il a placé un polariseur derrière la lame et un analyseur devant la lame.

Par rapport à cela Mr Mallard dit: «La nécessité, pour la production des interférences, d'un appareil de polarisation à l'entrée et à la sortie d'une lame biréfringente oblige à conclure que lorsqu'on place un polariseur derrière la lame, la surface antérieure de celle-ci joue le rôle d'analyseur, et que lorsqu'on place un analyseur derrière la lame, la surface postérieure de celle-ci joue le rôle de polariseur. Il semble résulter nécessairement de là que la lame à elle seule, portant un polariseur et un analyseur, doit montrer les anneaux d'interférence. Les lames un peu épaisses d'andalousite montrent en effet, dans les houppes, des traces d'anneaux incontestables et qui subsistent quel que soit le soin que l'on prenne pour ne recevoir sur la lame que des rayons lumineux exempts de polarisation.»

«Les surfaces de la lame ne peuvent jouer le rôle d'appareils de polarisation que par suite des circonstances qui accompagnent l'acte même de la réfraction. Avant de passer de l'air dans le cristal, ou de sortir du cristal dans l'air, le rayon lumineux traverse une couche de très-faible épaisseur qui sert comme de couche de transition entre les deux milieux».

«C'est à l'existence de cette couche que sont dûs les phénomènes signalés par Mr Bertin; ces phénomènes n'auraient plus aucune raison d'être si cette couche n'existait pas. C'est précisément ce qui en fait le grand intérêt, car il est très important pour le physicien de démontrer, de la manière la plus incontestable possible, l'existence de ces couches de transition qui enveloppent les corps et qu'on a appelées leurs atmosphères».

Je n'ose nier l'existence de ces couches de transition, mais je ne pense pas que leur influence soit aussi puissante que le suppose Mr Mallard, et que, par rapport à la polarisation et à l'interférence, elle l'emporte sur l'influence de la lumière faiblement polarisée des nuages blancs et de l'œil, laissant de côté les autres facteurs qui peuvent leur faire concurrence *. Quant à moi, mes recherches sur les houppes me persuadent que ces couches pour la plupart exercent une influence très faible, ou bien le plus souvent cette influence est paralysée par quelque chose. Quoique ces couches enveloppent toujours une lame cristalline ou un cristal, néanmoins les anneaux d'interférence n'apparaissent pas toujours dans les houppes. (L'andalousite devant la lampe).

Il s'ensuit que la lumière, en pénétrant une lame cristalline, même perpendiculaire à l'axe optique, est toujours polarisée, et, après avoir traversé le cristal, elle est reçue par l'œil, qui dans ce cas nous sert d'analyseur plus ou moins puissant selon sa construction et qui polarise dans tous les plans.

Les phénomènes de la polarisation sont toujours compliqués par des phénomènes d'interférence, auxquels l'œil est toujours sensible et qui peuvent être plus facilement évoqués qu'évités, puisqu'il suffit de très peu pour altérer en grandeur et en direction les vibrations des rayons polarisés à angle droit.

Il y a encore d'autres circonstances favorables à cela. Mr Cornu les a indiquées dans sa remarque. Il dit que «les cristaux présentent d'ailleurs souvent des modifications diverses qui compliquent la marche des ondes et facilitent les conditions d'interférence, comme la superposition de lames hémitropes, l'intercalation de couches inégalement absorbantes, de lamelles de substances différentes et de réfrangibilité variable, etc.»

---

* Mr Mallard dit: „nous ne pouvons constater l'existence de ces couches que très indirectement par les effets qu'elles produisent", mais malheureusement il n'entre pas là-dessus dans de plus grands détails.

L'inégale répartion du principe colorant en est aussi une, ce qui se voit par la réfraction.

Ainsi la thèse de Mr Friedel, que dans les houppes les interférences n'interviennent qu'exceptionnellement, quoique théoriquement infaillible, mais comme telle, exige des conditions presque impossibles pour sa réalisation.

Au contraire, le phénomène des houppes est presque toujours accompagné des phénomènes d'interférence, même si les anneaux sont effacés et non visiblement prononcés.

Sur les deux systèmes de houppes.

Les phénomènes de l'absorption des couleurs et de l'interférence dans les cristaux d'épidote dépendent principalement de la structure du cristal.

Dans les cristaux simples l'absorption joue le rôle principal, par conséquent au travers de ces cristaux nous observons des hyperboles que nous nommerons houppes primitives ou d'absorption, sans complications. Même dans la lumière polarisée du Nicol parallèle les anneaux d'interférence, pour la plupart, ne sont pas visibles. Dans les cristaux épais et fortement colorés, si le Nicol parallèle est mis en rotation, nous n'apercevons ni les anneaux d'interférence, ni la rotation des houppes. Nous remarquons seulement la transposition des couleurs, surtout si le Nicol parallèle devient fortement incliné et approche de sa position perpendiculaire. Dans les cristaux minces, faiblement colorée et transparents la structure simple du cristal s'annonce seulement par l'absence de complication dans les houppes.

Mais dès que commence la complication du cristal, de suite apparaissent d'autres houppes, que nous nommerons secondaires ou houppes d'interférence; leur netteté dépend probablement de l'épaisseur de la lame intercalée. Plus cette dernière est épaisse—plus les houppes secondaires sont visibles. C'est le mode de complication le plus faible.

Le cristal est-il plus compliqué, nous voyons à la lumière des nuages sombres, sans le secours d'instruments auxiliaires, au lieu des houppes secondaires, de véritables figures d'interférence. La forme et la disposition des anneaux de ces figures sont fort diverses.

Quelquefois la complication du cristal est si grande que nous remarquons l'apparition de plusieurs systèmes d'anneaux d'interférence, entremêlés. Dans ce cas les houppes sont à peine visibles, ou bien elles semblent faire partie de l'un des anneaux extérieurs de la figure d'interférence (Pl. 3. Fig .J. - 1).

L'une de mes préparations nous montre d'une manière particulièrement distincte l'importance de la complication de la structure cristalline dans le cas donné. Dans une certaine position le cristal lamellaire nous présente au niveau donné une figure entièrement caractéristique des houppes, mais il ne faut qu'abaisser un peu la lame et regarder à travers une autre région, sans toutefois l'incliner, pour remplacer les houppes par une figure d'interférence distincte, aux anneaux prononcés et vivement colorés. Cela se voit dans les rayons de la lumière polarisée du ciel bleu ou, encore mieux, d'un Nicol parallèle.

Mais il est à remarquer que si nous regardons à travers la face parallèle opposée à la première, nous ne voyons pas ce phénomène; nous le voyons même plus faiblement alors que nous regardons à travers la même face, mais après l'avoir tournée inversement, c. à. d. en tenant la partie supérieure en bas et celle d'en bas en haut. Pourquoi? je n'ai pas pu me l'expliquer.

J'ai observé un phénomène semblable dans plusieurs cristaux. Il faut supposer qu'ici l'une des lamelles qui fait partie du mâcle est compliquée par une autre, qui lui sert d'analyseur et qui, par elle même, ne donne pas de figure d'interférence; outre cela il faut supposer aussi que l'une de ces lames ou même toutes les deux, sont cunéiformes. On peut directement observer une coalescence semblable dans les cristaux d'épidotes; (il faut-

tailler une lame perpendiculaire à l'orthodiagonale et la corroder).

On verra par ce qui suit quelle est l'influence de la structure intérieure du cristal sur le caractère des figures époptiques:

1. La figure est vue plus distinctement à travers une face qu'à travers une autre, même parallèle; il arrive quelquefois qu'à travers cette dernière on ne la voit pas du tout, ou bien l'on voit une figure différente. Ainsi, si les houppes, accompagnées des figures d'interférence (dans ma meilleure préparation) sont vues à travers une face à la dispersion caractéristique, (Pl. 2. Fig. F - 1. F - 2.), c. à. d. que les couleurs homogènes extrêmes sont disposées en sens inverse, alors à travers la face parallèle opposée nous voyons, avec le Nicol perpendiculaire, deux figures d'interférence à dispersion inclinée. (Pl. 2. Fig. F - 3?)

2. Dans un cristal nous voyons la transition des houppes en figures d'interférence (Pl. 1. Fig. C - 1).

3. Dans le cristal de Sulzbach, qui donne les houppes primitives (Pl. 1. Fig. A - 1)* on voit dans un endroit une complication, une bande foncée, Fig. 3. On voit aussi la cause de cette complication.

Fig. 3.

. . . .

Sur les houppes primitives ou celles d'absorption.

Les houppes primitives consistent en deux hyperboles disposées dans la direction de l'orthodiagonale du cristal et séparées par un espace plus clair qui marque la direction du plan des axes optiques. Dans les cristaux épais ces hyperboles sont presque noires et seulement bordées d'un côté de vert, de l'autre de rouge-brun. Elles sont toujours apparentes, car elles sont plus foncées que le champ environnant.

---

* Cette complication n'est pas représentée sur la figure de la planche.

Le champ sur lequel se détachent les houppes, quoique coloré d'une seule et même couleur qui nous présente la réunion des deux couleurs des axes, dont sont teintes les franges des houppes, est pourtant de nuances différentes de l'un et de l'autre côté des houppes: la couleur de la frange contiguë domine toujours; il est plus vert du côté de la frange verte,—plus rouge du côté de la frange rougeâtre. Plus le cristal est épais et fortement coloré, plus la différence des nuances des parties du champ est remarquable.

Il y a deux directions, ou bien deux lignes, qui sont d'importance dans cette figure: l'une—c'est la ligne des houppes, qui traverse les deux houppes et les divise chacune en deux parties et qui, dans l'épidote, coïncide avec la direction de l'orthodiagonale; l'autre ligne est celle qui est perpendiculaire à la première; elle sépare les houppes les unes des autres et marque la direction du plan des axes optiques.

Si nous tournons le cristal autour de l'orthodiagonale de 180° le caractère des houppes ne change pas, la disposition des franges reste la-même. Mais si nous le tournons autour de l'axe optique du même angle — les franges se disposent inversement: la rouge en haut et la verte—en bas, ce qui doit aussi arriver à la suite de la dispersion. L'on ne voit pas d'anneaux d'interférence, ou bien ils sont à peine appréciables; dans le dernier cas ils sont très fins, de couleur noire et sont disposés sur le champ vert, près de la périphérie, du côté de la frange rouge.

Le cristal unique, qui m'a permis d'examiner le caractère typique des houppes d'absorption, était aussi compliqué, quoique légèrement. J'ai trouvé pourtant dans ce cristal des points qui donnaient les houppes tout-à-fait sans anneaux d'interférence (du côté opposé), surtont si je posais le Nicol perpendiculaire entre l'oeil et le cristal, (Pl. 1. Fig. 0-1, 0-2). Eclairons le cristal par la lumière polarisée du ciel bleu et du Nicol parallèle; l'aspect des houppes de ce genre, comme l'a observé Brewster, ne change pas essentiellement, mais la figure devient plus évidente; les couleurs des franges et la dispersion du champ encore plus distinctes; [on ne voit aucune trace] des anneaux d'interférence, que mentionne M. Bertin.

Si nous tournons le cristal autour de l'axe optique, tout en laissant la face *M* parallèle à elle même, la figure se tourne aussi, restant parallèle à l'arête *M* : *r*, ou *M* : *T*. Mais si le cristal reste immobile et le Nicol seul est en rotation, les houppes conservent leur position et l'on ne remarque la transposition des couleurs que quand le Nicol est tourné de 70 ou de 80 degrés. Si le Nicol est tourné de 90° sa section devient perpendiculaire au plan des axes optiques; nous voyons alors les mêmes houppes et à la même place, mais elles sont colorées d'une seule couleur orange-rougeâtre. Dans ce cas les vibrations de la lumière qui traverse le Nicol perpendiculaire sont parallèles à celles des rayons rouges, qui malgré leur plus grande absorption, se manifestent ici d'une manière plus saillante. Quant aux rayons verts, absorbés assez puissamment, ils illuminent le champ visuel des deux côtés des houppes rouges, d'en haut et d'en bas *. On voit parallèlement au plan des axes optiques une bande noire, qui sépare une aigrette rouge de l'autre. Réduite à un trait dans le centre de la figure, elle s'élargit graduellement en approchant de la périphérie du champ visuel, Pl. 1. Fig. 0 - 2.

La théorie qui explique le phénomène des houppes par l'absorption des couleurs s'appuie non seulement sur l'indubitabilité du principe, mais aussi sur l'observation. Dans les cristaux épais, fortement colorés, éclairés par de la lumière naturelle, les houppes se détachent d'une manière plus distincte, les couleurs des axes sont plus prononcées et la division du champ environnant en deux parties colorées différemment, est aussi plus saillante. Cela se voit plus distinctement avec le Nicol parallèle; mais c'est encore plus évident avec le Nicol perpendiculaire. Dans un cristal épais—tout le champ se partage nettement en quatre parties, séparées par une

---

* La différence de la teinte du champ se remarque le mieux quand le cristal est éclairé par des nuages blancs éclatants, éclairés par le soleil.

croix, dont les branches qui coïncident avec la section principale du cristal, quoique presque noires, sont bordées de vert,
tandis que les branches perpendiculaires à la base sont oran-
ges. (Pl. 1. Fig. 0—2, B—2, A—2). Si le cristal est plus
mince, sa couleur moins intense, ou bien si la couleur
orange domine dans le cristal et qu'il soit éclairé par de
la lumière polarisée, ce signe caractéristique disparaît, ou
du moins est très affaibli, car dans ce cas les houppes se
recouvrent par la figure d'interférence évoquée par la lumière
polarisée du Nicol perpendiculaire. Cela se voit principalement dans le premier anneau elliptique (la tache), qui, conformément à la dispersion de l'épidote, est coloré d'un côté
d'orange, de l'autre d'un vert épais.

. . . .

Si les houppes sont accompagnées de figures d'interférence,
elles modifient considérablement leur caractère fondamental.
Ainsi, si nous les observons à la lumière naturelle elles perdent le caractère d'hyperboles et nous semblent être la con-
tinuation des anneaux d'interférence (Pl. 2. Fig. F-1, G-1;
Pl. 3. Fig. J-1); de manière qu'il est très facile de croire
que dans ce dernier cas nous n'avons qu'une figure d'interférence et que les houppes manquent. Mais alors il faut
éclairer le cristal par la lumière polarisée du Nicol perpendiculaire, afin d'expliquer complètement le phénomène. Nous
verrons alors tout de suite, au dessus de la figure d'interférence, la tache elliptique caractéristique pour les houppes,
entourée quelquefois d'anneaux noirs, fins.

A mesure que la structure du cristal se complique, même
à l'aide de ce moyen il devient quelquefois difficile de reconnaître les houppes.

. . . .

Sur les figures d'inrteférence.

Les observations de Mr. Bertin ne concernent presque pas
les houppes, car elles sont entièrement dirigées sur les figures d'interférence avec lesquelles il recouvre les houppes à

l'aide de puissants polariseur et d'analyseur. Nous ne voyons rien de particulier dans ces dessins; ce sont les mêmes figures d'interférence que nous observons dans le conoscope. Nous pouvons les voir dans plusieurs cristaux à un et à deux axes optiques avec l'aide du seul prisme de Nicol, que nous plaçons devant ou derrière la préparation. On peut surtout observer distinctement ce phénomène si le ciel est sans nuages, ou bien couvert de nuages blancs. Il se trouve encore une autre condition favorable: lors que nous superposons la section principale au plan du méridien sur lequel se trouve le soleil et au plan perpendiculaire à ce méridien.

Tous ces phénomènes ne constituent pas des particularités des houppes; ce sont simplement des figures d'interférence, qui ne dépendent aucunement des houppes. Dans l'andalousite éclairé par les nuages blancs on ne voit pas d'anneaux, car le cristal est fortement coloré et la lame épaisse. Faites la lame plus mince et les anneaux se feront voir.

Les figures d'interférence qui recouvrent les houppes se distinguent d'une manière tranchée des véritables figures d'interférence, qui, n'étant pas distinctes, prennent l'apparence des houppes et auxquelles je donne le nom de *houppes secondaires ou celles d'interférence*, pour les distinguer des *houppes primitives ou celles d'absortion*. Ces dernières conservent leur figure caractéristique d'aigrettes et quelquefois seulement se recouvrent d'anneaux peu prononcés, pour la plupart noirs. Les premières perdent au contraire tout-à-fait leur caractère même à la lumière faiblement polarisée de l'atmosphère. Les aigrettes se transforment en deux secteurs composés de segments d'anneaux colorés des deux couleurs des axes.

. . . .

Si le cristal est plus compliqué nous voyons à travers une figure prononcée d'interférence accompagnée de houppes. Le cristal est-il éclairé par les rayons du soleil passés préalablement à travers un verre mat ou bien par de la lumière provenant des nuages blancs ou sombres, ou d'une lampe, on voit toujours distinctement la forme et la couleur des anneaux.

En observant ce phénomène nous conserverons toujours la même position au cristal: les houppes seront en haut, la figure d'interférence en bas. Le champ visuel sur lequel se détache cette figure compliquée conserve le caractère de la dispersion: il est vert en haut, jaune—en bas. Les houppes sont disposées à la limite de ces deux régions colorées et la figure d'interférence se détache sur le fond jaune.

Examinons séparément chacune de ces figures. Quel genre de houppes voyons nous dans le cas donné? Ce sont, sans aucun doute, les houppes d'interférence, ou bien des figures d'interférence très effacées, dans la lumière naturelle (Pl. 2. Fig. F. - 1). Quand on place le Nicol parallèle devant le cristal ou, mieux encore, entre l'œil et le cristal l'on aperçoit que les aigrettes se recouvrent immédiatement d'anneaux d'interférence colorés, qui deviennent de plus en plus éclatants à la rotation du Nicol autour de l'axe optique du cristal; enfin, quand il devient perpendiculaire et se trouve entre l'œil et le cristal, nous voyons apparaître une tache elliptique ou bien un anneaux central, entouré d'autres anneaux, et tout ce système est traversé par une bande noire (Pl. 2. Fig. F. - 2). Si le Nicol se trouve devant le cristal, la figure devient un peu effacée.

J'ai observé ce phénomène dans un de mes cristaux et, après l'avoir examiné attentivement, j'ai remarqué sur la face *M* à travers laquelle je regardais, une plaque tout-à-fait mince qui lui était superposée et qui semblait parallèle à cette face, mais qui en réalité lui était inclinée d'une manière quelconque, car cette complication se réflétait aussi sur les houppes d'interférence. En examinant à travers cette région compliquée la tache elliptique nous voyons à côté d'elle, un peu plus haut et plus à droite, une tache semblable, qui recouvre en partie la première. Cette dernière tache est aussi traversée par une bande noire, qui est parallèle à la bande de la première *.

---

* Cela se voit dans une certaine position de la figure F - 2; mais la tache parallèle n'est pas représentée, car cela complique infiniment le dessin. *Red.*

Il en résulte que les plans des axes optiques et les axes optiques du cristal et de la plaque elle même ne coïncident pas, donc la plaque n'est pas parallèle à la face M, mais quelque peu inclinée. Ici la cause de la complication est évidente.

La figure d'interférence, qui se trouve sous les houppes d'interférence (Pl. 2. Fig. F. 1.), est ici tout-à-fait régulièrement construite: les anneaux à deux courbures sont elliptiques; les axes longs des ellipses coïncident avec le plan des axes optiques de l'épidote; les anneaux du centre ne sont développés qu'en partie, ils se présentent en forme de taches; les suivants sont entièrement développés. — Si nous plaçons devant le cristal un Nicol parallèle—les couleurs et la figure deviennent plus prononcées, sans changer essentiellement; si le Nicol est perpendiculaire—les anneaux sont encore plus brillamment colorés et complétement fermés. Ces anneaux se distinguent essentiellement des anneaux des houppes d'interférence en ce qu'ils sont elliptiques, tandis que les anneaux des houppes d'interférence sont toujours ronds. Maintenant il est à demander: les deux images, celle d'en haut et celle d'en bas, appartiennent-elles à la même figure d'interférence, examinée comme dans la direction de la bissextrice? Evidemment non. Outre que leurs anneaux sont différents, ce qui pourtant n'est pas d'importance, nous ne trouvons pas ici la dispersion inclinée des bissextrices, propre à l'épidote. Considérant la figure d'en haut et celle d'en bas comme un tout entier, nous devons admettre ici la dispersion des axes optiques, $S > v$, propre aux cristaux du système rhombique avec l'angle fort petit. Si nous voyons les houppes d'interférence dans la direction de l'un des axes optiques et si nous supposons que le système des anneaux d'interférence est groupé autour de l'autre axe, l'image de ce dernier système avant, d'atteindre notre œil, doit préalablement, par suite de causes quelconques, se rapprocher des anneaux des houppes d'interférence et se tourner inversement à la suite de la réflexion *. Parmi les 50 cristaux d'épidotes où j'ai plus ou moins nettement observé les figures époptiques, je n'en ai pas trouvé un seul qui m'ait donné la possibilité d'observer une figure d'interférence non accompagnée de houppes d'interférence, tandis qu'elle peut se manifester séparément.

Je possède encore un cristal tout aussi transparent et dichroïque où l'on voit nettement une figure tout aussi compliquée que celle que je viens de décrire (Pl. 2. Fig. G-1, G-2, G-3), mais elle confirme encore davantage les suppositions de Herschell concernant les irrégularités ou pour mieux dire les complications de certain genre. A la lumière naturelle ou polarisée par un Nicol parallèle, nous voyons un système d'anneaux d'interférence parfaitement développés et accompagnés des houppes d'interférence. Ces dernières, à la moindre inclinaison du Nicol parallèle, se transforment déjà en figure d'interférence, pareillement à ce que nous avons vu dans le cas précédent. La figure d'interférence, qui se trouve au dessous, a un caractère particulier. Les deux anneaux du centre se voient sous forme de taches qui semblent appartenir aux portions ou aux moitiés de ces anneaux, dont les parties supérieures font défaut; le 3-me et le 4-me anneau sont développés entièrement, mais ils ont l'apparence d'une figure elliptique, dont l'axe long n'est pas parallèle au plan des axes optiques, comme cela aurait dû l'être, mais perpendiculaire; le 5-me anneau, qui les embrasse, a déjà l'apparence d'une figure elliptique dont l'axe long coïncide avec le plan des axes optiques; le 6-me anneau porte le même caractère et approche tout-à-fait du dessous des houppes elles-mêmes. L'un des anneaux les plus éloignés embrasse non seulement tous ces anneaux d'interférence, mais aussi les parties centrales des houp-

---

* Cela n'explique-t-il pas le phénomène que nous voyons dans le cristal Pl. 2. Fig. E. - 1, E. - 2? Outre les deux genres de houppes, nous remarquons une figure d'interférence peu distincte, disposée sous les houppes d'absorption et très allongée dans la direction de l'orthodiagonale. Cela se voit seulement quand le cristal est éclairé par le Nicol perpendiculaire.

pes, car sa courbure supérieure se voit au dessus des houppes. Voilà comment est cette figure compliquée, qui consiste en apparence en trois systèmes, comme groupés autour de trois axes optiques qui ne coïncident pas. La particularité frappante de cet étrange phénomène, si compliqué, devient encore plus prononcée, si nous remplaçons le Nicol parallèle par un Nicol perpendiculaire: si nous inclinons le Nicol parallèle, les houppes se recouvrent immédiatement de brillants anneaux d'interférence, qui au commencement se développent de plus en plus; mais quand le Nicol devient perpendiculaire, les anneaux disparaissent; il ne reste qu'une tache elliptique éclatante, colorée des deux couleurs, si caractéristiques des houppes d'interférence. Quant à ce qui concerne les figures d'interférence, qui se trouvent sous les houppes, on y remarque une complication si grande qu'il est difficile de la débrouiller; pourtant, en avançant le cristal à droite et à gauche nous la voyons plus nette et plus régulière en certains points, dans d'autres— plus effacée et plus confuse.

Cette figure se détache d'une manière plus prononcée quand nous plaçons le Nicol perpendiculaire entre l'œil et le cristal. Nous y voyons alors une tache elliptique longitudinale très éclatante, sous laquelle sont disposés des anneaux transversaux de plus en plus petits et qui se recouvrent en partie l'un l'autre; l'axe long de ces derniers anneaux est perpendiculaire au plan des axes optiques du cristal. Ensuite viennent deux anneaux longitudinaux elliptiques moins prononcés; leur axe long est perpendiculaire à celui des précédents et ils embrassent les trois anneaux qui viennent d'être mentionnés. L'anneau extérieur est tout-à-fait contigu à la tache elliptique des houppes d'interférence. Enfin au dessus de tout cela nous voyons la partie d'un autre anneau, qui, évidemment, n'appartient pas à ce système. Ce dernier anneau coupe même la tache elliptique des houppes, (Pl. 2. Fig. G-2.). Si nous tournons vers l'œil le côté opposé du cristal, et plaçons devant ce dernier un Nicol perpendiculaire, nous voyons la même figure, mais un peu modifiée: la tache elliptique et les anneaux des houppes d'interférence sont effacés; la partie centrale de la figure est plus alongée dans la direction de la ligne neutre et est composée d'une tache elliptique et de trois anneaux presque égaux. Toutes ces quatre parties forment pour ainsi dire un tout entier isolé. Mais en observant plus minutieusement nous remarquons la transition de l'anneau extérieur en un anneau à peine visible, longitudinal, qui entoure les trois autres. Il est à remarquer qu'entre la partie supérieure et les autres il y a une différence tranchée dans la netteté de la figure dont on voit distinctement les limites (Pl. 2. Fig. G-3.)

. . . .

Particularités des figures d'interférence dans les cristaux dichroïques.

1. Les anneaux n'ont que les deux couleurs propres aux axes d'élasticité qui se trouvent dans le plan des axes optiques.

2. En général le nombre et la largeur des anneaux dépendent de l'épaisseur du cristal. Ici nous observons plus souvent le contraire: dans les cristaux fort minces nous voyons un système de plusieurs anneaux très fins, et dans les cristaux épais—rien que le commencement d'un anneau fort large.

3. Les anneaux dévient dans la direction de la ligne neutre

. . . .

Houppes secondaires ou d'interférence.

Brewster, qui le premier nous a fait connaître le phénomène des houppes, nous montre l'apparition simultanée de deux systèmes de houppes et en donne un dessin, figuré dans son premier mémoire (Traité d'Optique, Ch. XXX, t. II, p. 67). Mais ce phénomène n'attira pas l'attention des savants qui l'étudièrent plus tard. M. Bertin même, dans son second mémoire (Bul. Soc. Min. 1879.) n'en parle pas du tout, supposant probablement ce fait impossible et les observations de Brew-

ster — erronées Quoiqu'il en soit, il est incontestable que
personne n'a encore vu ce phénomène distinctement et Brewster lui même dit que la figure de son mémoire, qui nous
représente les deux systèmes de houppes n'en est qu'une re-
production imparfaite. Ce phénomène est pourtant remarquable et instructif au plus haut point, mais comparativement
rare, ou plutôt, il échappe facilement à l'observation. La cause
en est simple:

1. Les préparations qui le manifestent sont avant tout très
rares: parmi les 50 cristaux que j'ai eus à ma disposition et
qui laissaient voir les houppes primitives fort distinctement,
je n'en ai trouvé que trois où j'ai pu voir en même temps les
houppes secondaires. Dans les autres on ne voyait que les
houppes primitives, et puis c'était des figures d'interférence
qui ressortaient distinctement.

2. On a observé les phénomènes des houppes dans les
lames coupées du cristal perpendiculairement à l'axe optique
et non dans le cristal entier, comme l'on fait Brewster et
Herschell.

3. Ce phénomène pour la plupart est effectivement faible
et il faut l'avoir vu une fois du moins distinctement pour
que l'œil expérimenté le cherche dans les autres exemplaires.

4. Le dégré de facilité de l'observation dépend sûrement
aussi de la sensibilité de l'œil (comme c'est le cas pour les
houppes du ciel bleu de Haïdinger), et avec cela, de l'état
actuel de l'œil au moment donné. J'ai remarqué par exemple,
qu'en présence d'un ciel sans nuages et toutes les autres
conditions restant les mêmes, je ne vois pas toujours de la
même manière; s'il y a du vent—je ne vois presque rien.

5. Cela dépend aussi de la position du soleil au moment
donné. On voit le phénomène le plus distinctement du matin
à midi.

6. Il faut heureusement trouver dans la préparation le point
d'observation, pour éloigner les effets qui surviennent des
complications du cristal et qui obscurcissent l'image optique.

7. Il faut bien choisir le point du ciel d'où nous vient la lumière qui éclaire l'objet, car ce ne sont pas tous les points du ciel qui polarisent également; il faut aussi choisir le point de projection de l'image. Pour cela nous devons le chercher sur le ciel en projetant l'image plus haut ou plus bas. En général il faut la projeter plus près de· l'horizon; alors elle est plus distincte. En somme, la figure des houppes secondaires est plus faible dans le plan du cercle principal que dans les positions intermédiaires.

8. Il faut éclairer la préparation par une vive lumière provenant des nuages blancs, par un temps serein.

9. L'air doit être tout-à-fait transparent, c. à d. non saturé de vapeurs.

10. On ne voit pas toujours le phénomène à travers chacune des faces parallèles M et r; quelquefois on ne l'aperçoit que du côté d'une seule de ces faces, comme nous le verrons plus loin.

11. Le cristal doit avoir une épaisseur convenable; il doit posséder le degré nécessaire de transparence, de saturation de couleur et autres propriétés favorables; quoique pour bien étudier ce phénomène il faut posséder plusieurs cristaux avec des qualités différentes, et ce qui est défaut sous un rapport, sous d'autres nous présente souvent différents avantages pour nos observations.

12. Quelquefois les houppes secondaires sont remplacées par les anneaux d'interférence.

13. Toutes ces influences sont éliminées ou du moins affaiblies si nous nous servons de la lumière polarisée d'un Nicol parallèle et ce n'est que la projection de l'image qui conserve néanmoins son influence.

14. Il faut de plus une grande habitude et beaucoup de patience pour bien s'adapter et voir le phénomène dans toutes ses nuances et ses détails.

Le cristal ne doit être ni trop épais, ni trop mince, car dans le premier cas les houppes ne se séparent pas en anneaux ou bien, si les circonstances sont particulièrement favorables, les anneaux, apparus avec peine, ne sont pas distincts; dans le second cas on ne voit pas du tout le phénomène. De beaucoup d'importance est aussi le degré de transparence du cristal qui peut être affaibli par ses stries, sa décomposition chimique, ou enfin par la trop grande saturation de sa coloration.

. . . .

J'ai pu le mieux observer ce phénomène dans un cristal du pouschkinite. Ce cristal est très irrégulièrement limité; il est translucide, mais non transparent. D'un côté il est limité par une large face M, de l'autre — par une quantité de facettes, qui en se réunissant forment une surface courbe. Pendant l'observation je posais la face large M tout près de l'œil et j'éclairais la face courbe de différentes manières. J'ai pu observer distinctement dans ce cristal (Pl. 1. Fig. D-1) le double système des houppes en l'éclairant non seulement par la lumière des nuages blancs, mais aussi des nuages sombres. La figure consiste en deux paires de houppes disposées les unes au dessous des autres et leurs lignes sont perpendiculaires aux plans des axes optiques. Si la lumière est faible, les houppes semblent se joindre à une certaine distance du plan des axes optiques en embrassant un espace lumineux, clair, arrondi autour de l'axe optique. Au premier abord elles ne semblent en rien différer les unes des autres *; il n'y a que les couleurs des franges qui soient disposés inversement: la paire des houppes supérieures a la frange d'en haut verte, et celle d'en bas brune - rougeâtre; la paire inférieure nous présente le contraire: c'est la frange d'en bas qui est verte, et celle d'en haut—rougeâtre. On dirait que les deux paires de houppes ne font qu'un tout entier coloré en dehors de vert, et de rouge-brun en dedans. Voilà la figure que Brewster

---

* Sur le dessin elles sont représentées fortement éclairées et les houppes d'interférence sont recouvertes d'anneaux. Si la lumière est moins intense les anneaux disparaissent. *Red.*

a observé et qu'il a représenté dans son mémoire, mais il ne l'a pas soumise à une analyse plus complète.

Ainsi donc, incontestablement, nous avons ici deux paires de houppes d'aspect homogène, mais disposées inversement. Cette homogénéité n'est pourtant qu'apparente. Ces deux espèces de houppes sont tout-à-fait différentes et proviennent de deux sources diverses.

Dans nos observations sur le double système des houppes dans le pouschkinite, décrites ci-dessus, si nous faisons attention à la dispersion du champ sur lequel se détache la figure entière, nous verrons que cette dispersion ne s'accorde qu'avec une paire de houppes: du côté de la frange verte le champ est coloré d'un vert vif, du côté de la frange brune-rougeâtre— il est jaune-brun clair. C'est sur ce dernier champ qu'est disposée la seconde paire de houppes aux franges colorées inversement par rapport à la première. Le champ des deux côtés de ces dernières houppes est coloré d'une même couleur jaune-brune claire. De là nous concluons que la seconde paire de houppes n'a rien de commun ni avec la dispersion du champ, ni avec celle du cristal. Donc ce sont des houppes d'un autre genre. Conservant aux premières le nom de houppes d'absorption, nommons les secondes aigrettes du nom de houppes d'interférence.

Examinons ce groupe compliqué à la lumière polarisée et nous remarquerons tout de suite une différence frappante entre les deux genres de houppes; nous verrons aussi la raison de la nouvelle dénomination que je donne à la seconde paire de houppes.

Une lumière faiblement polarisée est souvent impuissante dans son influence sur un cristal trouble et à demi transparent; dans ces conditions la figure que nous voyons est si peu distincte qu'il est difficile d'en suivre les modifications. Mais si nous posons devant ce cristal un Nicol parallèle et si nous l'éclairons d'une manière intense avec les rayons provenant de nuages blancs éclatants, alors les deux paires d'aigrettes deviennent plus prononcées et ne ce joi-

gnent presque pas, mais nous apparaissent sous forme d'hyperboles étroites *. Jusqu'ici, entre les deux sortes de houppes,
nous ne voyons que la différence indiquée plus haut, mais il
suffit de tourner le Nicol autour du rayon visuel, c.-à d. de
transposer son plan de polarisation, et nous obtenons un tout
autre effet. Avant la rotation du Nicol—les lignes moyennes
des deux paires de houppes coïncidaient avec la direction
d'une même ligne et avec le plan des axes optiques; le Nicol
mis en rotation—il n'y a que la ligne des houppes d'absorp·
tion qui coïncide; quant aux houppes d'interférence — elles
perdent tout de suite leur parallélisme avec les premières:
la ligne de ces houppes s'incline avec le plan de polarisation
du Nicol et leur ligne neutre s'éloigne du plan des axes optiques. Si au contraire, nous laissons le Nicol parallèle en repos
et si nous tournons le cristal autour de l'axe optique, les
houppes d'interférence conservent leur position par rapport
au plan du Nicol et les houppes d'absorption s'éloignent de
sa section principale.

Nous concluons de là que les houppes d'absorption dépendent de l'absorption du cristal, et les houppes de la seconde
sorte—de la polarisation et sont des figures d'interférence indistinctement accusées.

Cette différence est encore plus prononcée dans les cristaux
minces et transparents. Il est vrai qu'à la lumière naturelle
les houppes de la seconde sorte sont à peine remaquables,
mais quand nous posons un Nicol devant le cristal, elles se
recouvrent d'anneaux d'interférence.

Posons avant tout un Nicol parallèle devant le cristal (Pl. 2.
Fig. E-1) et conservons la disposition précédente, c. à d. que
les houppes d'absorption seront en haut et la figure d'interférence au dessous. Ici les houppes d'absorption ne montrent
pas même de traces d'anneaux, elles se manifestent seulement
avec plus d'évidence et leurs franges sont plus brillantes.

---

* Les lignes des houppes sont parallèles aux arêtes qui bornent la face *M*
que nous avons devant l'oeil.

A la rotation du Nicol autour du rayon visuel (l'axe optique du cristal), les houppes d'absorption nous font voir les mêmes phénomènes que lorsqu'elles ne sont pas accompagnées des houppes de la seconde sorte. Les houppes d'interférence, qui échappent presque à l'observation, se substituent quelquefois par un système puissant d'anneaux d'interférence qui est traversé par une bande claire de la couleur du champ. La ligne neutre coïncide avec la section principale du Nicol. Les secteurs des anneaux disposés des deux côtés de cette ligne sont quelquefois très étroits et forment un angle assez aigu; à peine remarquables dans les houppes d'interférence, ils sont ici particulièrement développés et atteignent la dimension de presqu'un demi cercle. Quand on tourne la section principale du Nicol, la ligne neutre de ces secteurs la suit, comme les houppes d'interférence; vient-on à tourner le cristal autour de l'axe optique, les houppes d'interférence conservent leur position, quant aux houppes d'absorption,—elles suivent la rotation en conservant leur parallélisme à la diagonale.

L'intensité de la couleur des anneaux est très différente; elle dépend de la lumière et des propriétés du cristal. Chaque anneau n'a que deux couleurs; ce sont les couleurs des axes d'élasticité, perpendiculaires aux axes optiques, comme c'est le cas dans tous les cristaux polychroïques. Ces couleurs, le vert clair et le brun-rougeâtre foncé, sont groupées d'une manière particulière et analogue à ce que nous voyons dans les franges des houppes d'interférence. Les anneaux sont disposés très près de la ligne neutre, ils se joignent presque et sont colorés de vert en bas et de rouge-brun en haut.

. . . .

En comparant les deux sortes de houppes, nous nous persuadons que ces deux phénomènes sont tout-à-fait différents; l'un provient principalement de l'absorption d'un cristal fortement polichroïque, l'autre dépend particulièrement de l'interférence. A la lumière polarisée, comme nous venons de le voir, ils sont tous les deux plus prononcés, quoique leur caractère soit différent.

Les houppes d'interférence sont incontestablement une figure d'interférence peu distincte, dont les anneaux sont effacés et peuvent être évoqués à l'aide d'un puissant polariseur.

Ainsi, nous ne pouvons rejetter entièrement les explications que Herschell a donné de ce phénomène, mais elles ne sont justes que pas rapport aux houppes d'interférence.

Posons maintenant devant le cristal un Nicol perpendiculaire; donc sa section principale sera perpendiculaire au plan des axes optiques. Dans ce cas les houppes des deux sortes seront remplacées par une figure d'interférence (Pl. 2. Fig. E-2) qui est formée par deux systèmes d'anneaux disposés l'un au dessus de l'autre et traversés par une bande sombre. Cette bande, très mince aux centre des anneaux, s'élargit particulièrement dans la région qui se trouve entre les deux systèmes; elle est bordée de vert des deux côtés. La figure d'interférence qui remplace les houppes d'absorption consiste principalement en une tache elliptique dont l'axe long est parallèle au plan de la symétrie du cristal (de l'axe optique) et qui est colorée de rouge en haut et de vert en bas; les autres anneaux manquent ou bien ne sont pas distincts; les branches rouges hyperboliques sont peu prononcées......

Malgré le changement de position du polariseur le caractère de la dispersion reste le même: au dessus de ce double groupe de houppes le champ est vert, au dessous—jaune-clair. Outre cela on voit au dessus de la tache elliptique un grand système d'anneaux elliptiques à peine distincts et trés allongés dans la direction de l'axe long, parallèlement à l'axe optique, ce qui provient des complications du cristal.

Donc le caractère de la figure est autre ici que dans le cas ou les houppes primitives n'étaient pas accompaguées par les houppes secondaires.

Il n'y a pas de doute que la cause favorable à l'interférence se trouve dans le cristal lui même. La complication de sa structure, qui a provoquée le phénomène des houppes secondaires, s'est aussi portée sur les houppes primitives. Cela s'aperçoit chaque fois que nous avons devant nous le système compliqué des doubles houppes.

Sous le premier système nous voyons un second système d'anneaux. Ce dernier est disposé dans un champ jaune. Les anneaux sont ronds ou elliptiques, larges ou étroits, en plus grande ou moindre quantité. Mais la puissance des anneaux et leur nombre ne dépendent pas de l'épaisseur du cristal, comme c'est le cas dans les lames cristallines; la loi conserve pourtant sa portée; quant à ses déviations elles dépendent de l'épaisseur de la lame interposée entre les polariseurs du cristal.

Les couleurs des anneaux sont disposées inversement. Dans l'anneau central la couleur verte se trouve en haut, la rouge en bas; donc la disposition des couleurs est la même que dans les houppes avec le Nicol parallèle.

. . . .

Si nous nous figurons que ces deux genres de houppes, vues à la lumière polarisée, appartiennent à la même figure d'interférence, observée comme dans une lame cristalline taillée perpendiculairement à la bissextrice, alors cette figure nous présente la dispersion des axes du cristal rhombique $\rho > v$. Nous n'y trouvons pas jusqu'ici la dispersion inclinée des bissextrices, propre à l'épidote, mais nous pouvons la trouver dans ce même cristal; (il faut pour cela observer les houppes à travers la face *M* opposée; mais j'en parlerai plus loin).

. . . .

Nous voyons quelle part importante prend l'interférence dans les cristaux qui nous donnent les deux différents systèmes de houppes (Pl. 1. Fig. D-1, D-2. Pl. 2. Fig. E-1, E-2) surtout avec le Nicol perpendiculaire. Donc en observant le phénomène des houppes dans les cristaux ou les lames cristallines il faut être bien attentif en déterminant son caractère et ses causes. Nous pouvons facilement confondre les houppes d'absorption avec les houppes d'interférence qui proviennent de deux causes différentes *. Je possède quelques cristaux où j'ai pu observer les houppes d'interférence sans les houppes d'absorption. Mais les premières sont si semblables aux secondes, qu'il est impossible de les distinguer, sans connaître de près les propriétés de chacune. Maintenant nous pouvons tout de suite reconnaître les houppes secondaires, si nous plaçons le Nicol devant le cristal. Le Nicol parallèle, au moindre déplacement, entraîne après soi la ligne des houppes d'interférence. Le Nicol perpendiculaire donne une tache elliptique. Les houppes d'absorption dans ces mêmes conditions ne nous présentent ni l'un, ni l'autre de ces phénomènes.

Si nous n'avons pas de Nicol sous la main et que les houppes d'interférence soient très faibles, (alors la tache elliptique est aussi à peine remarquable), nous pouvons profiter d'un autre indice encore. Eclairons notre cristal (qui ne nous dévoile pas de houppes primitives) par de la lumière polarisée provenant du ciel bleu sans nuages; alors les houppes secondaires, que nous voyons, n'ont pas de contour hyperbolique régulier; le sommet de l'une de ces houppes est arrondie, le sommet de l'autre nous présente une surface concave et porte les traces d'anneaux, quand même faibles, Fig. 4. (C'est aussi la figure compliquée d'interférence du cristal d'épidote.)

Fig. 4.

Ainsi donc:

1. Les houppes d'absorption dépendent de l'absorption inégale des deux faisceaux lumineux où se décompose la lumière qui tombe sur un cristal fortement polychroïque.

2. Les houppes secondaires dépendent de l'interférence qui provient d'une complication particulière dans la structure du cristal, et ne sont que des figures d'interférence, comme l'a supposé Herschell.

3. Les houppes secondaires peuvent paraître seules, sans être accompagnées des houppes primitives.

---

* Nous ne savons pas quelles sont les lames que M. Bertin a observées en recouvrant l'image des houppes avec des figures d'interférence.

4. Dans les cristaux minces, peut-être, les houppes primitives se recouvrent facilement par les figures d'interférence.

5. Deux systèmes identiques de houppes dans un même cristal d'épidote ne sont pas possibles ou du moins ils ne peuvent pas être vus simultanément, le cristal conservant une seule et même position, car la dispersion des axes dans ces cristaux est assez considérable ($V_a = 88°$).

6. Les deux systèmes de houppes sont visibles à la lumière naturelle. Et comme l'interférence n'est pas possible sans la polarisation, il s'ensuit que la polarisation des nuages blancs et de l'œil suffisent pour évoquer ces phénomènes alors que le cristal est compliqué d'une certaine manière.

. . . .

Je possède un cristal où il est surtout commode d'observer les houppes secondaires. On y voit les traces d'une particularité remarquable: si nous avons devant l'œil la face large et le Nicol parallèle devant le cristal — les houppes secondaires sont distinctes; avons nous devant l'œil la face étroite opposée — ces houppes sont indistinctes. Posons la face large devant l'œil et le Nicol perpendiculaire devant le cristal — la figure d'interférence et les houppes nous présentent la dispersion rhombique. Plaçons la face étroite devant l'œil et le Nicol perpendiculaire devant le cristal — la figure d'interférence et les houppes donnent la dispersion du système monoclinique.

. . . .

Causes des complications.

Chacun sait que les cristaux d'épidote, surtout ceux de Sulzbach, et du pouschkinite sont rarement simples ou homogènes. Ils sont presque toujours maclés. Mais notre connaissance de ces mâcles est jusqu'à présent fort restreinte. Il est prouvé que les cristaux d'épidote sont le plus souvent maclés parallèlement à la face T, et rarement parallèlement à la face M Nous connaissons les mâcles parallèles à T de

plus près. Nous y trouvons une hémitropie distinctement prononcée. Mais dans les cristaux d'épidote de Sulzbach on observe
l'hémitropie plus ou moins compliquée, et nommément: entre
les deux moitiés du cristal, qui ne sont pas tournées, il y a
intercalée une lame qui est en hémitropie avec chacuned'elles,
parce qu'elle est placée inversement aux deux moitiés du cristal.
Quelquefois la complication va encore plus loin. La ramification des bouts de l'orthodiagonale nous montre qu'il y a là
non une, mais plusieurs lames ou, plutôt dire tablettes, de
cristaux intercalées entre les deux moitiés du cristal. Les cas
de ce genre, on peut le dire, ne sont guère explorés; car pour
constater le caractère de cette mâcle l'observation cristallographique n'est pas suffisante; quant à l'examen optique,
elle s'y soumet difficilement *.

. . . .

Il s'entend qu'il n'est pas facile de déterminer le caractère
optique de ces mâcles compliquées et confuses au plus haut
point, surtout dans les cristaux entiers, et non dans les lames
où l'enveloppe complicative est déjà enlevée. Il faut ici faire
grande attention à la direction des rayons qui traversent le
cristal et aux faces où ils tombent en éclairant le cristal.

J'appelle la-dessus une attention particulière, car les cristaux d'épidote qui donnent les figures époptiques compliquées
ont un aspect très irrégulier par suite d'un inégal élargissement:

Quelquefois des dentelures profondes obligent les rayons
lumineux à s'éloigner considérablement de l'axe optique et
à prendre une direction presque perpendiculaire **.

Il entre beaucoup d'éléments dans ces observations, comme
par exemple, la relation mutuelle des axes: cristallins, opti-

---

* Je ne sais si l'on rencontre une hémitropie parcille dans les mâcles parallèles à *M*, mais je ne doute pas de la possibilité de ce fait.

** Il est remarquable, que les directions des clivages *M* et *r* correspondent aux plans des mâcles.

ques, de l'élasticité; le changement du caractère de la dispersion, le polychroïsme, le nombre des lames et leurs intervalles, leur épaisseur, le caractère de leurs contours cristallins,
la réfraction prismatique et autre.

Dans nos investigations nous devons être bien attentifs à
tous les détails. Observant les figures époptiques à travers
deux faces parallèles et homogènes du cristal, nous devons
poser devant l'œil tantôt l'une d'elles, tantôt l'autre, examiner
le phénomène sur tous les points du cristal entre ces faces
et déterminer le caractère des faces elles mêmes, c.-à d.
toutes leurs inégalités, leurs saillies, les traces des mâcles et
autres. Il est nécessaire d'observer et de comparer les phénomènes optiques à travers les paires des faces M et r.

. . . .

En quoi consistent les irrégularités et les complications dans
la structure intérieure des cristaux?

J'en remets la solution définitive à plus tard et pour le
moment je me permets d'énoncer quelques suppositions fondées
sur certains faits que j'ai observés à ce sujet.

J'ai remarqué que quelques cristaux d'épîdote sont ramifiés
aux extrémités autour de l'orthodiagonale et semblent former un
groupe de petits cristaux lamellaires, joints par croissance parallèlement l'un à l'autre et allongés parallèlement à l'orthodiagonale. (Est ce un groupe polysynthétique?)

Y compris d'autres faits encore, tout cela nous amène à
croire que le cristal entier consiste en lamelles semblables
individualisées ou en cristaux joints parallèlement à l'orthodiagonale. Cela s'accorde aussi avec le clivage, ainsi qu'avec
les stries des faces M et r. Deplus, les observations de Klein
ont montré que le cristal d'épidote consiste en une quantité
de lamelles minces, microscopiques. J'ai remarqué aussi que
les cristaux avec les ramifications des extrémités orthodiago-
nales, dans leur cassure transversale, c. à d. dans la direction du plan de la symétrie, manifestent les traces d'une join-
ture semblable. La cassure quoique inégale, nous permet

4

pourtant de remarquer que les parties brillantes des lamelles sont séparées par des couches sans éclat d'épidote, en partie décomposé; elles semblent être intercalées d'une manière cunéiforme.

Donc 1, les couches sans éclat servent de couches intermédiaires qui réfractent autrement la lumière.

2, la lumière traverse ici un système compliqué de prismes qui changent considérablement la direction primitive des rayons, qui tout d'abord vont suivant l'axe optique, et ensuite prennent une direction oblique à cet axe.

3, quelques unes de ces lamelles peuvent avoir une toute autre position axiale. *

Nous voyons par là à quel point peuvent varier et se compliquer les phénomènes suscités par la lumière qui entre dans le cristal, surtout si elle est préalablement polarisée.

Les deux cas suivants peuvent se présenter:

1, les lamelles sont limitées par les faces M et sont maclées parallèlement à ces faces. Entre les lamelles se trouve une couche tout-à-fait mince d'air ou, ce qui revient au même, une couche d'épidote décomposée; c'est un système analogue à une pile de verres qui nous présente par elle même un polariseur assez puissant. Les rayons de la lumière, tombant là dessus sous un angle, qui favorise leur polarisation, entrent dans l'objet déjà polarisés et peuvent facilement donner une figure époptique, soit-ce des houppes primitives ou des anneaux d'interférence.

2, nous avons le second cas si ces lamelles sont maclées suivant la face T, mais elles sont intercalées d'une manière cunéiforme.

. . . .

---

* N'avons nous pas ici le même cas que dans les mâcles d'Ermann et de Miller: l'une de ces lamelles pendant l'observation sert d'objet à travers lequel la lumière passe perpendiculairement à l'axe optique, et les autres — de polariseurs que la lumière traverse presque parallèlement à l'axe

Le cristal est compliqué si en l'avançant à droite et à gauche nous voyons que la distance entre les houppes change: elle devient tantôt plus étroite, tantôt plus large. Dans un endroit, au moment de l'élargissement, nous voyons que la bande verte touche la rouge.

Fig. 5.

Si nous observons à travers la face principale—nous ne voyons pas d'anneaux avec le Nicol parallèle; nous les voyons faiblement, s'il est perpendiculaire.

En avançant le cristal à droite et à gauche nous trouvons une place ou nous voyons entre les houppes une bande foncée, teinte de vert en haut, de rouge en bas, tout cela à la clarté de la lumière naturelle des nuages blancs ou sombres, Fig. 3. A la lumière des nuages blancs la bande apparait colorée.

Fig. 3.

. . . .

La polarisation de l'atmosphère.

Le ciel bleu sans nuages, fortement et également éclairé, notamment de midi à 4 heures en été, nous présente le polariseur le plus intense et le plus efficace, car pendant l'observation, il ne restreint pas les bornes du champ visuel et n'en affaiblit pas la lumière; mais pour s'en servir avec succès il faut avant tout étudier ses propriétés ou son caractère de polarisation. Cela nous aidera à nous convaincre encore plus de la justesse des résultats que nous tirerons de nos observations sur les houppes des deux genres. Quant au cristal observé il nous déterminera la répartition des plans de polarisation du ciel bleu. Comme base de répartition pour ces plans, nous prendrons le plan du grand cercle du soleil. Ce cercle traverse le zénith de l'observateur et le soleil.

Tous les points du ciel ne polarisent pas les rayons lumineux d'une manière également énergique; il y a des points qui sous ce rapport sont tout-à-fait neutres.

4*

La position du soleil par rapport au zénith et à l'horizon a une influence énorme sur la qualité de la lumière.

Il importe aussi beaucoup de quelle partie du ciel nous recevons la lumière polarisée, si c'est d'au dessus ou d'au dessous du soleil. La lumière provenant des différents points du ciel bleu est polarisée en différents plans, ce qui se remarque particulièrement quand nous étudions le phénomène des houppes.

Prenons un cristal d'épidote dont les houppes d'interférence se transforment facilement en figure d'interférence. Superposons avant tout le plan de ses axes optiques au cercle principal du soleil, (à la partie ou se trouve le soleil), du même côté que le soleil par rapport au zénith; ensuite superposons le aux autres cercles, 30, 45, ainsi de suite, jusqu'à ce qu'il entre de nouveau dans le plan du cercle principal, mais du côté opposé. La dessus nous obtiendrons successivement les mêmes phénomènes que nous donne un Nicol *.

Nous voyons que l'épidote peut nous montrer exactement la direction du plan de polarisation du ciel bleu et même la situation de ses points neutres. —Il faut avoir en vue que les recherches sur la polarisation du ciel à l'aide de l'épidote sont très délicates, car elles exigent la sérénité et la transparence de l'air avant tout, et aussi l'absence de vent.

La zone polarisante de l'atmosphère (du ciel bleu) est plus sombre que l'espace environnant, ce qui est facile à observer et ce que l'on remarque bien surtout en posant devant l'œil un tuyau de papier noir mat de 10 centim. de long et de 3 à 4 cent. de large (en diamètre). Cela se voit surtout avec une netteté frappante si nous regardons le ciel bleu à travers un cristal donnant un double système de houppes. Sup-

---

* Je me suis occupé de ces observations dans des circonstances très favorables; en passant l'été près de Réval, au bord de la mer, j'ai eu un grand horizon tout-à-fait découvert et le ciel éclairé des lumières les plus diverses: un ciel tout-à-fait sans nuages, l'air saturé de vapeur, des nuages blancs épais, minces, sombres etc.

posons que le soleil n'a pas encore atteint son point culmi-
nant, vers 9, 10 heures du matin. Dirigeons notre appareil avec le
cristal du côté opposé au soleil par rapport au Z, superposons le
plan des axes optiques au cercle principal du soleil et éclairons
le cristal successivement par les points du ciel situés dans le
cercle principal du soleil, depuis l'horizon jusqu'au Z, en re-
levant graduellement le tube au dessus de l'horizon. Près de
l'horizon la figure d'interférence ne se remarque pas du tout;
mais à mesure que nous nous en éloignons elle devient plus
apparente et le ciel devient à mesure plus foncé; enfin, à une
certaine distance de l'horizon elle est tout-à-fait distincte sur
un fond sombre (ce qui continue presque jusqu'au Z?). Ensuite
au dessus et au dessous du soleil on ne la voit plus de nouveau, Fig. 6 *.

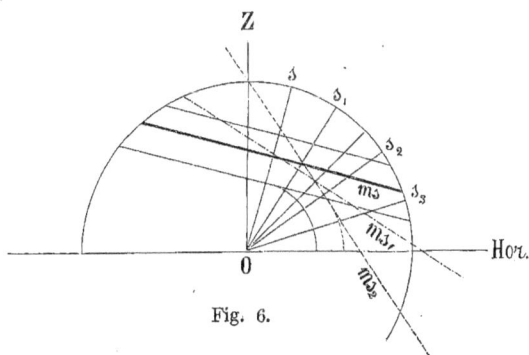

Fig. 6.

On voit la bande noire à quelques degrés plus haut que
l'horizon.

Tout nous mène a conclure qu'il existe dans la voûte du ciel
non les points neutres séparés, que mentionnent Biot et Arago,

Fig. 7.

* Si nous éclairons le cristal avec la partie opposée au
soleil on remarque une dispersion monoclinique, Fig. 7.

mais toute une surface qui se trouve autour de S, qui s'étend jusqu'au cercle sur lequel se trouve le soleil et [qui est] parallèle à l'horizon.

. . . .

Les houppes primitives, durant toutes ces transpositions, ne changent pas de position et ne donnent pas de bande noire, même au degré de 180; la disposition des couleurs ne change pas non plus. Donc la polarisation du ciel n'a aucune influence sur elles. (Voir le cristal qui donne les houppes primitives et un autre avec les houppes primitives et les houppes secondaires).

Une raie noire distincte n'apparait que dans la dernière position quand on tourne le cristal de 180° (Planche 4 et 5). Cette vibration compliquée nous explique le phénomène des points neutres de polarisation

. . . .

Le pouschkinite.

Le pouschkinite est un minéral polychroïque au plus haut degré; il se rapporte au système monoclinique et ses cristaux, tout en ayant l'air d'être simples, sont en réalité composés de plusieurs cristaux réunis en un ensemble d'après les lois de l'hémitropie et tournés sous l'angle de 180°. Par conséquent les houppes du pouchkinite doivent nous présenter un phénomène assez compliqué, tout-à-fait nouveau et présentant beaucoup de variétés. La forme des houppes ne dépend pas de l'épaisseur du cristal, car j'ai également observé ces figures dans les cristaux minces et épais, sans aucune différence. Le degré d'épaisseur du cristal n'a d'influence que sur la netteté de leur contour. Quantà leur forme, elle dépend évidemment de la disposition des lamelles relativement aux axes optiques du cristal. Voilà pourquoi ce n'est pas à travers toutes les faces que l'on voit des houppes égales.

Dans la lumière polarisée les houppes dévoilent les mêmes propriétés que les figures d'interférence: plus le cristal est épais, plus les anneaux sont étroits, en plus grand nombre et plus rapprochés les uns des autres.

Sûrement qu'ici la qualité des faces, leur cannelure, ainsi que leur inclinaison, en donnant lieu au phénomène du prisme, exercent aussi une certaine influence. Il y a beaucoup de causes différentes, mais la seule essentielle est l'hémitropie.

Si l'on examine les houppes d'absorption à travers la face *M* on voit que tout le champ est coloré de vert; mais en tournant le cristal devant l'œil, l'on voit que la couleur verte passe au brun; c'est sur cette limite de transition qu'apparaissent les houppes.

Il y a deux genres de houppes: les simples et les compliquées; trois systèmes d'anneaux.

Les houppes en forme d'hyperboles sont simples; celles qui sont séparées l'une de l'autre, par une bande assez longue, sont compliquées.

On peut voir les deux genres de houppes en tournant vers l'œil tantôt une face, tantôt l'autre. Quelquefois on aperçoit à travers une seule et même face les deux genres de houppes. C'est une particularité des cristaux du pouschkinite.

Les houppes sont différentes dans les directions des deux axes optiques.

Pour les observer on peut employer différentes sortes de lumière: le ciel couvert de nuages, le ciel sans nuages, une lampe avec un cylindre lacté et aussi la flamme immédiate passée a travers un verre plan-convexe dont le foyer reflète la flamme de la lampe. Pour la lumière polarisée je me suis servi du prisme de Pragemovsky.

Les particularités des figures époptiques dans les cristaux idiocyclophanes polychroïques du pouchkinite consistent en ce que:

1. Les houppes, presque toujours accompagnées des figures d'interférence, peuvent être observées dans les rayons parallèles ordinaires ou extraordinaires sans autres instruments

auxiliaires et à la lueur de toutes sortes de lumières: le ciel bleu, le ciel couvert de nuages blancs ou sombres, le prisme de Nicol.

2. On n'y voit que les deux couleurs axiales.

3. Eclairées par la lumière naturelle, non polarisée, les houppes sont rarement distinctes; les houppes secondaires sont faibles ou invisibles.

4. Les rayons faiblement polarisés du ciel bleu suffisent déjà pour rendre les houppes secondaires plus distinctes, sur quoi, elles se recouvrent d'anneaux d'interférence assez larges; tandis que les houppes primitives ne dévoilent guère d'anneaux, ou bien ils apparaissent en très petit nombre, sont à peine remarquables et très étroits.

5. La ligne moyenne (neutre) des houppes primitives dans toutes les positions du soleil coïncide avec le plan des axes optiques de l'épidote, tandis que la ligne moyenne des houppes secondaires se déplace beaucoup de cette position et coïncide ordinairement avec le plan du méridien sur lequel se trouve le soleil.

6. Si nous éclairons le cristal à une forte lumière polarisée, savoir, si nous plaçons au devant un Nicol, et que leurs sections principales coïncident, l'aspect des houppes primitives reste le même, elles sont seulement plus saillantes, surtout leurs franges colorées; quant aux houppes secondaires—leurs anneaux deviennent encore plus vifs, leur ligne moyenne coïncide avec celle des houppes primitives.

7. A la lumière polarisée, quand le Nicol reste devant le cristal, mais que sa section principale est perpendiculaire à celle de l'épidote nous [voyons dans] les houppes primitives principalement l'anneau central, qui a plutôt l'air d'une tache elliptique dont la moitié est colorée de vert, et l'autre d'orange-rougeâtre; la distribution des couleurs est conforme à la dispersion inclinée. Les anneaux qui entourent cette tache sont faiblement développés et nous présentent l'aspect de raies noires bleuâtres fines; on ne les voit qu'autour de la partie [verte] de la tache elliptique. L'axe long de ces anneaux elliptiques coïncide avec la section principale du cristal.

Quelquefois ces anneaux sont encore coupés par une bande brune sombre.

Parfois la tache elliptique est développée faiblement et se trouve remplacée par deux bandes hyperboliques.

Dans les cristaux épais elle disparaît quelquefois entièrement dans la bande sombre qui va parallèlement à la section principale du cristal et qui est l'attribut des houppes des deux genres.

Ce mode d'éclairage est en général peu favorable aux houppes primitives et les figures qui se manifestent dans ces conditions sont très uniformes.

Dans les mêmes conditions les houppes secondaires nous présentent tout-à-fait un autre caractère. Eclairées par la lumière naturelle et polarisée avec les sections principales du Nicol et du cristal qui coïncident, elles sont quelquefois entièrement invisibles. Ici, avec le Nicol perpendiculaire, elles donnent une assez grande tache, composée de deux larges anneaux concentriques, vert et rouge-orangé. On ne voit pas d'autres anneaux. Mais si les houppes secondaires se voient dans les rayons naturels, fut-ce même faiblement,—dans les dernières conditions elles apparaissent saillantes et forment un magnifique système d'anneaux colorés, groupés d'une manière variée et capricieuse.

. . . .

Les micas.

Le lépidolite de la Schaïtanka se compose du noyau et de l'enveloppe. Le noyau est coloré assez fortement en rouge couleur framboise, l'enveloppe est colorée plus faiblement. Nous pouvons voir distinctement le phénomène dont-il est question nous servant premièrement de la lumière naturelle et regardant à travers une lame assez épaisse (2 m. m.) dans la direction de l'axe optique; nous superposons aussi les sections principales de la préparation et de l'atmosphère.

Pour rendre l'observation plus précise il faut placer la lame devant l'œil de manière à ce que le plan de ses axes optiques coïncide avec le plan de polarisation de la vitre et, au possible avec le plan de polarisation de l'atmosphère, c. à d. avec le cercle principal tracé à travers le soleil et le zénith. Là dessus il est mieux de se servir de la lumière qui vient de l'espace antizonaire. Commençons par regarder dans la direction de l'un des axes optiques à travers l'enveloppe de la lame. Nous voyons alors très distinctement la figure d'interférence. Les segments des anneaux sont réunis en secteurs assez bien développés, disposés de chaque côté de la section principale de la lame. Dans ces anneaux, qui sont en grand nombre, on peut distinguer plusieurs couleurs, et cela malgré qu'ils se dessinent sur un champ. visuel coloré. Ce phénomène se manifeste même par un temps obscur, quoiqu'on le voie plus distinctement par un temps serein.

Si nous examinons la lame à travers le noyau, qui est coloré plus fortement, nous remarquons que la figure prend le caractère de houppes ou d'aigrettes de la même couleur que le champ visuel, mais beaucoup plus foncées et bordées d'un côté de couleur orange et de l'autre de violet quoique ces nuances soient à peine remarquables. Ces houppes occupent la même place que les figures d'interférence, mais ne présentent aucunes traces d'anneaux, du moins par un temps obscur *. Mais il n'y a qu'à placer devant cette lame un Nicol parallèle ou perpendiculaire pour se convaincre que cette figure n'est pas ce que nous appelons les houppes, mais ce n'est qu'une figure d'interférence masquée, car tout de suite ses dimensions augmentent et elle se recouvre de larges anneaux irisés.

---

* Il me semble que les contours de ces aigrettes ont un caractère d'hyperboles moins puissantes que les secteurs des figures d'interférence.

Nous tenons ici comme cause de la métamorphose des figures d'interférence en houppes l'épaisseur de la couleur et
le dichroïsme du cristal, quoique le dichroïsme dans ce minéral soit assez faible et voilà pourquoi les couleurs qui bornent les hyperboles sont à peine remarquables. Mais ce n'est
pas là la seule cause qui puisse évoquer le phénomène que
nous examinons. Dans cette même lame couleur rouge-
pêche, et notamment dans son enveloppe, la figure d'interférence ne se voit pas d'une manière également distincte
en différents points. Cela provient sûrement de ce que la
lame n'est pas également transparente dans toutes ses parties et aussi d'une perturbation dans sa structure. Il est difficile de se figurer une lame semblable de mica tout-à-fait
homogène. Sur les deux surfaces de la lame que je possède
on voit des régions irisées; puis sa couleur est très inégale
et elle est apparemment toute tapissée intérieurement de
fissures qui sont parallèles au clivage. Ce sont sûrement ces
anomalies dans la structure du cristal qui nous aident à
découvrir la figure d'interférence sans autres appareils po-
larisateurs. Je n'ai trouvé ici aucunes traces de mâcles quoique j'eusse examiné avec soin cette lame dans le conoscope
et l'orthoscope.

J'ai observé un phénomène semblable à celui que je viens
de décrire dans une lame également épaisse du Moscovite de
Zlatooust.

Ainsi nous avons vu dans la lame de la Schaïtanka
l'influence qu'exerce l'intensité de la couleur du cristal sur
la netteté de la figure d'interférence; dans la lame de Zlatooust —
l'influence d'un milieu trouble avec absence presque complète
du dichroïsme. La troisième cause de cette métamorphose —
les changements dans la structure du cristal — se laisse facilement observer dans les cristaux du pouchkinite.

En somme, par rapport aux observations dans le mica il
faut remarquer que pour décider quel genre de houppes nous
voyons dans le cristal donné il faut être très attentif car nous
pouvons avoir les trois cas suivants:

1. les houppes *reélles;*

2. les houppes *simulées* qui ne sont que les houppes du ciel bleu de Haïdinger, vues à travers le cristal et dont les couleur sont changées;

3. enfin les houppes *fictives* qui ne sont qu'une figure d'interférence peu prononcée, mais qui ont l'aspect de houppes

. . . .

Liste des préparations d'épidotes trouvée dans les papiers de l'auteur.

1. Le plus compliqué, a) à l'apparence de la feuille du philodendron, b) plusieurs systèmes, c) l'apparence d'un cristal uniaxe, mais compliqué (Pl. 3. Fig. J.-1, J.-2.).
2. L'apparence d'un cristal uniaxe. Nicol ‖ et ⊥. Il donne la même figure des houppes que le № 1 mais très faibles.
3. Les houppes simples. L'anneau central n'est pas tracé; il n'y a que le commencement des anneaux.
4. Compliqué, surtout à la lumière polarisée; un anneau à larges bords et encore quelques anneaux; les côtés sont ramifiés; donne la même figure des houppes que le № 1, mais plus faibles.
5. L'élargissement des anneaux lors de leur passage d'une couche à l'autre (surtout du côté opposé). D'un côté de la ligne de démarcation on voit les houppes simples (en haut), de l'autre côté—les houppes compliquées (en bas). (Pl. 3 Fig. I.-1, I.-2.)
6. Poser le cristal entre deux verres. Le polir.
7. L'astérisme sur les faces naturelles et sur leurs cassures. Premier degré de complication des houppes. (Le polir). Les houppes simples et deux taches.
8. Les houppes simples particulièrement distinctes.
9. (Observer en tournant le verre collé vers soi et la numération en bas). On voit deux systèmes d'anneaux et un troisième système élargi et peu distinct; de sorte que nous avons ici des houppes compliquées, mais cela ne se remarque qu'à la lumière polarisée du Nicol ‖ et ⊥.

10. Un mauvais exemplaire. Le polir et le mettre entre deux verres.

11. Des houppes compliquées. Le cristal est développé aux deux bouts.

12. Les houppes compliquées se voient à travers les deux faces voisines.

13. Sur la large face striée on voit distinctement deux couches; sur la couche verte apparaissent les houppes simples; mais si nous plongeons le rayon visuel dans la couche brune, nous voyons comment les houppes se compliquent. (Le polir pour mieux voir).

14. Les houppes se voient à travers deux faces du cristal. Le polir et alors nous obtiendrons sûrement les houppes compliquées du № 1.

15. Avec une face naturelle. Astérisme. (Le polir; mauvais exemplaire).

16. Deux genres de houppes: les simples et les compliquées. Le polir. Sur les différentes faces les houppes sont différentes.

17. L'exemplaire le plus avantageux pour la démonstration des houppes compliquées.

18. Dans une certaine position du cristal on voit de grandes houppes simples, et plus bas on voit encore d'autres houppes à peine visibles. A la lumière polarisée le phénomène change un peu d'aspect. Les grandes houppes restent telles qu'elles étaient, seulement les franges colorées sont plus prononcées, les petites houppes se transforment en un système d'anneaux (3) non fermés; à leur milieu on voit deux taches avec la disposition inverse des couleurs. Astérisme sur la face. N⊥. Deux systèmes d'anneaux: un petit et un grand. Le petit, elliptique, est semblable à celui des houppes simples; plus bas, le grand est rond avec des anneaux distincts et au dessus un système elliptique très allongé, qui a le caractère d'une figure d'interférence *.

---

* Pl. 2. Fig. E - 1, E - 2. *Red.*

(Si nous tournons vers nous le côté opposé et si nous
conservons la numération en haut nous apercevons une
figure d'interférence avec la dispersion inclinée).

19. Le polir. La figure est la même que dans le № 17.
21. Sulzbach.
22. Sulzbach. (Observer en tenant le № en bas). Nicol ⊥ —
en bas une tache elliptique dont l'axe long est parallèle
à la section principale du Nicol, rouge en bas, vert en
haut, entourée d'anneaux concentriques qui sont visibles
seulement au dessus de la tache et sont colorés en vert....
Au dessus de cette tache on voit un autre système d'anneaux elliptiques dont l'axe long est perpendiculaire à la
section principale du Nicol. L'anneau principal est à
larges bords rouges. A droite et à gauche de ces anneaux
on voit des figures hyperboliques.
23. Sulzbach. La même chose. Couleur brune. Tout le système se détache sur un champ vert. La bande noire
parallèle à la section principale du Nicol s'élargit rapidement à mesure qu'elle s'éloigne de la tache elliptique
d'en bas et les anneaux eux mêmes sous la petite tache
sont noirs, seulement légèrement colorés de vert.
24. Sulzbach. Doubles houppes. On voit trois systèmes: les
deux les plus éloignés l'un de l'autre sont à larges bords,
et entre eux se trouve le troisième — à peine visible, à
bords étroits.
25 et 26. Premier degré de complication.

Explication des planches *.

Les déductions tirées des complications dans la structure des cristaux, ainsi que l'influence de ces complications sur les figures époptiques devaient être émises par l'auteur, comme cela est noté dans les papiers.

Maintenant nous ne pouvons donner qu'une explication superficielle de ce que l'on voit à première vue en examinant les préparations.

Planche 1.

Fig. 0.1. Petit cristal de Sulzbach donnant avec le *Nicol parallèle* une belle paire de houppes d'absorption, sans complications. Au-dessus des houppes le champ est verdâtre, au dessous — jaunâtre.

Fig. 0.2. Figure que donne le même cristal avec le *Nicol perpendiculaire*: deux hyperboles rougeâtres, séparées par une bande noire qui se réduit à un trait au centre de la figure et s'étale largement en haut de couleur brune-rougeâtre, en bas — de noire-verdâtre. Au centre — une tache brillante rougeâtre en haut, verdâtre en bas. Le champ sur lequel se détache la figure est jaunâtre en haut, verdâtre en bas.

Fig. A.1. *Nicol parallèle.* Belle paire de houppes d'absorption. Quand on incline un peu le cristal, on voit entre les houppes un petit trait teint de vert en haut, de rouge

---

* *Red.*

en bas, ce qui n'est pas représenté sur la figure de la planche, mais ce qui se voit sur la figure 3 du texte. On voit sur la préparation la cause de cette complication.

Fig. A. - 2. *Nicol perpendiculaire.* Même figure que 0 - 2, mais plus foncée et un peu compliquée.

L'autre côté du cristal donne les mêmes figures, mais moins distinctes.

Fig. B. - 1. *Nicol parallèle.* Paire de houppes d'absorption, mais plus faibles que celles qui sont représentées sur la planche. Les deux côtés du cristal présentent la même figure.

Fig. B. - 2. Figure que donne le *Nicol perpendiculaire* d'un côté du cristal.

Fig. B. - 3. Figure encore plus compliquée que donne l'autre côté du cristal avec le *Nicol perpendiculaire*.

Fig. C. - 1. *Nicol parallèle.* D'un côté du cristal on voit une paire de houppes d'absorption, comme celles de la fig. B.-1; de l'autre côté du cristal les houppes se partagent en anneaux de différentes couleurs, comme cela est représenté sur le dessin.

Fig. C. - 2. *Nicol perpendiculaire.* Le premier côté du cristal donne une figure peu distincte; l'autre côté donne la figure représentée sur le dessin.

Fig. D. - 1. *Nicol parallèle.* Deux paires de houppes. Les houppes supérieures — celles d'absorption — centrées sur la limite verte et jaune du fond, restent immobiles à la rotation du Nicol; les houppes inférieures — celles d'interférence — disposées sur le fond jaune, suivent très distinctement la rotation du Nicol. Elles sont plus faibles que les houppes supérieures. Si la lumière est intense, elles se recouvrent d'anneaux, comme c'est représenté sur le dessin.

L'autre côté du cristal donne les mêmes paires de houppes, mais plus faibles.

5

Fig. D. - 2. *Nicol perpendiculaire.* Tache ronde qui correspond aux houppes d'interférence, entourée d'anneaux à peine distinctes sur la couleur sombre du fond.

L'autre côté du cristal donne une figure correspondante à la fig. B. - 2 mais fort peu distincte.

Planche 2.

Fig. E. - 1. *Nicol parallèle.* Deux paires de houppes — celles d'absorption, et celles d'interférence. Ces dernières sont entourées d'anneaux d'interférence.

De l'autre côté du cristal les houppes d'interférence sont très faibles.

Fig. E. - 2. *Nicol perpendiculaire.* Un côté du cristal nous laisse voir distinctement les deux taches, qui correspondent aux deux paires de houppes, réunies par une bande sombre, bordée de vert, et les autres détails de la figure.

L'autre côté représente seulement la tache qui correspond aux houppes d'absorption et une bande noire qui s'étale rougeâtre en haut, verdâtre en bas.

Fig. F. - 1. *Nicol parallèle.* Une paire de houppes d'interférence; au dessous — figure d'interférence, composée de deux taches et de trois anneaux qui s'interrompent dans le centre fortement éclairé du champ jaune. De l'autre côté du cristal les houppes se partagent en anneaux, et au dessous — la même figure d'interférence.

Fig. F. - 2 et **F. - 3.** *Nicol perpendiculaire.* Les deux figures que donnent les deux différents côtés du cristal.

Fig. G. - 1. *Nicol parallèle.* Houppes d'interférence au-dessus; au dessous — figure d'interférence; trois systèmes d'anneaux. Figure décrite dans le texte.

Fig. G. - 2, G. - 3. *Nicol perpendiculaire.* Les deux figures qui correspondent aux deux différents côtés du cristal *.

---

* Les traits principaux sont représentés, mais il y une quantité de complications qui échappent au crayon.

Planche 3.

Fig. H. - 1. *Nicol parallèle.* Houppes de légère couleur transparente rouge de la fleur de lis; elles suivent la rotation du Nicol. Au dessous—deux taches immobiles.

Fig. H. - 2. Le *Nicol perpendiculaire* donne la figure représentée sur le dessin.

L'autre côté du cristal donne les mêmes figures, mais moins distinctes.

Fig. I. - 1. *Nicol parallèle.* Paire de houppes; au dessous la figure d'interférence; on voit comme les anneaux s'élargissent en passant d'une couche à l'autre. Les houppes sont traversées par des anneaux qui appartiennent à un autre système. L'autre côté du cristal donne la même figure, mais moins distincte. (Le № 5 de la liste de l'auteur ?).

Fig. I. - 2. *Nicol perpendiculaire.* La figure représentée est donnée par le côté du cristal qui offre un dessin moins distinct. L'autre côté donne une tache rouge d'en bas, verte d'en haut, traversée par une bande noire qui se partage en arêtes de différentes grandeurs et des anneaux peu distinctes et embrouillés.

Fig J. - 1, J. - 2. Le cristal le plus compliqué, mentionné dans la liste de l'auteur sous le № 1.

Il y a encore dans la collection 2 cristaux montés et 18 cristaux non montés, dont les dessins ne sont pas faits.

Red.

II.

Notes sur la structure des cristaux.

(La cryptopyramide).

Il est de fait, surtout depuis que les observations microscopiques ont été introduites dans la science, que la plus grande partie des cristaux ne nous présente pas un corps homogène, mais est composée d'un noyau et d'une enveloppe. Les recherches microscopiques sur la structure intérieure des minéraux à la lumière polarisée nous ont fait connaître les particularités de cette structure et prouvé que le noyau est construit régulièrement, quant à l'enveloppe — sa structure est si compliquée que le plus grand nombre des minéralogistes ont renoncé à l'expliquer. Le noyau des cristaux optiquement uniaxes nous donne à la lumière polarisée un système caractéristique d'anneaux concentriques coupés par une croix; quant à l'enveloppe — elle est biaxe. C'est la raison qui a décidé Mr Mallard à donner à ces cristaux le nom de pseudoquadratiques ou pseudohexagonaux Dans les cristaux rhombiques le noyau n'a qu'un plan des axes optiques dont l'angle d'intersection est constant pour l'espèce donnée et par conséquent la position de l'hyperbole est orientée par les axes cristallographiques. Mais dans l'enveloppe les hyperboles sont disposées autrement; il y a autant de figures d'interférence que de demi-axes latéraux.

Dans les systèmes monoclinique et triclinique (системахъ клиноосныхъ) la structure est encore plus compliquée.

. . . .

Sur la structure des cristaux à un axe optique.

Je me permets ici d'exposer mon opinion par rapport à la structure du noyau et de l'enveloppe dans les cristaux du système quadratique, hexagonal et rhombique.

Examinons d'abord qu'est-ce qui caractérise, suivant l'avis des expérimentateurs, les cristaux à un axe et à deux axes. Dans ce cas la donnée décisive qui détermine la question, c'est la présence de la croix ou de l'hyperbole dans la figure d'interférence. Tout minéralogiste a pu sans doute observer qu'une plaque cristalline à un axe, à la lumière polarisée, n'est guère homogène dans toutes les positions, ni dans toutes ses parties, fut-elle même perpendiculaire à l'axe. Je n'ai vu moi-même aucune plaque homogène, car suivant que l'on l'incline d'un côté ou d'un autre on observe la mutation de la croix en hyperboles ce qui est regardé comme le signe distinctif des cristaux à deux axes.

Quoique la transition de la croix en hyperboles démontre un angle assez grand, d'environ 12°, mais personne sans doute n'a observé la mutation du système des anneaux concentriques en deux systèmes d'anneaux elliptiques, tandis que ces derniers apparaissent distinctement quand l'angle est fort petit, environ 5°—7°, comme dans le borax. Nous n'apercevons alors qu'un seul système d'anneaux elliptiques qui dévient fort peu du cercle. Puis ces anneaux ne sont jamais aussi réguliers et distincts que dans les véritables cristaux à deux axes; ils sont toujours déformés et présentent souvent des phénomènes de compression et de dilatation comme si nous les observions à travers le mica $\frac{1}{4}$ λ. *

. . . .

---

* Une plaque de spath calcaire, ce prototype d'un minéral régulier hexagonal, nous semble régulière et homogène parce qu'elle est détachée non d'un cristal séparé, mais taillée dans une masse cristalline qui est le noyau d'un énorme cristal.

La cryptopyramide.

Les minéraux capables de cristalliser nous apparaissent pour la plupart sous diverses formes qui se rapportent toutes à un seul et même type cristallin. On choisit ordinairement entre ces formes une des plus simples mais pyramidale comme type et on y coordonne la symétrie de toutes les formes de l'espèce minérale donnée en lui donnant le nom de forme principale, primitive, fondamentale. Ces dénominations seules nous prouvent la signification importante qu'on lui attribue.

Quelquefois le choix de la forme principale est solidement basé sur les directions du clivage qui dévoilent dans le cristal donné ou dans ses combinaisons la présence d'une forme intérieure ou d'un noyau cristallin. La direction du clivage d'une espèce donnée étant constante, c'est avec raison que l'on regarde la forme intérieure comme la principale ou la primitive, car elle dépend uniquement du caractère des forces cristallogénétiques qui l'ont formée; quant aux faces des formes complexes—elles sont le résultat des mêmes combinaisons de forces, modifiées par des causes extérieures. Voilà pourquoi les formes accidentelles, malgré leur diversité se coordonnent toutes à un seul type, à la forme principale ou primitive. Malheureusement le clivage, cette propriété importante, n'existe pas toujours dans le minéral et alors nous sommes obligés de choisir pour forme primordiale la pyramide qui se présente le plus souvent dans les combinaisons de l'espèce minérale donnée. Il est évident que dans ce choix il n'y a pas de base solide, car nous savons que dans les minéraux les faces de la forme primordiale, démontrées par le clivage, s'observent dans les contours du cristal plus rarement que celles des formes accidentelles, de même simples, comme dans la calcite, la sidérite et autres. En outre il arrive que dans les cristaux de même espèce minérale, par ex. ceux de la topaze, on observe une pyramide à rapports axiaux tels ou autres, dépendamment du gisement d'où proviennent les cristaux donnés.

Laquelle de ces pyramides doit être préférée comme forme primitive—tout dépend de la volonté.

Il arrive quelquefois aussi que les cristaux de certaines espèces minérales ne sont limités que par des faces prismatiques,— les formes pyramidales manquent ou sont si imparfaites qu'il est impossible d'établir la dessus le caractère de la forme primordiale. Voilà pourquoi dans ce dernier cas elle reste inconnue.

Il est de la plus grande importance de déterminer d'une manière précise la forme primordiale de l'espèce minérale, non seulement pour pouvoir s'expliquer le caractère de sa symétrie extérieure, mais aussi pour en étudier la symétrie intérieure, afin de déterminer la grave question du caractère essentiel de l'activité cristallogénétique, sur quoi sans aucun doute sera basé plus tard la classification des minéraux. Donc, il faut recourir à toutes les mesures possibles pour découvrir la forme primordiale.

Le degré de précision de la détermination du caractère cristallogénétique du minéral correspond à trois phases de la manifestation de la forme primordiale:

1) lorsque la pyramide primordiale se combine avec les faces des autres formes;

2) lorsque la pyramide primordiale s'observe sans complications, et

3) lorsque le maximum de la tension et de la direction des forces cristallogénétiques apparaît dans les squelettes de la forme primordiale.

La première de ces phases ne présente qu'une allusion au complexe cristallogénétique sous forme des rapports axiaux; la dernière phase, au contraire, nous présente la réalisation des forces cristallines de la forme primordiale et aussi la forme des microcristaux qui, réduit à la dernière limite, sont des molécules. Dans le premier cas nous observons des cristaux parfaits, au développement accompli; les traces de leur travail intérieur ont complétement disparu. La dernière phase, au contraire, ne s'observe que dans les cristaux difformes, organisés dans des conditions défavorables à la cristallisation, lorsque l'énergie de l'activité cristalline n'a pu se manifester que dans les parties du cristal qui offrent le maximum de son développement.

Mais ce n'est que dans certains cas, malheureusement rares, que nous pouvons observer des squelettes de cette sorte, ou bien les obtenir d'une manière artificielle (Knop.).

La seconde phase ne s'observe que lorsque la forme primordiale apparait à la surface du cristal, bornée par des faces parfaitement développées qui permettent d'obtenir l'unité précise de l'angle dièdre en minutes. Mais il a été prouvé dans les derniers temps que cela ne mène absolument à rien puisque l'oscillation de l'angle dièdre est considérable.

Si la forme primordiale se trouve dans l'intérieure du cristal, elle attire l'attention uniquement alors qu'elle se fait remarquer par le clivage. Dans tous les autres cas on n'y fait aucune sérieuse attention, ou bien on ne l'a guère observée.

Il me semble que je suis parvenu à observer ces pyramides primordiales. Mais possédant des matériaux peu suffisants, peu nombreux, j'énumérerai peut-être trop peu de faits à l'appui de mes idées. Je serais heureux si une critique impartiale et le travail persévérant des érudits de l'Europe confirmera avec l'aide des riches collections de leurs musées ne fut-ce qu'une partie de mes déductions.

Je nomme *noyau pyramidal ou cryptopyramide* le corps pyramidal qui repose en base du cristal; comme signe devant le représenter je propose la formule kP. Je lui ai donné cette dénomination car elle se dissimule toujours dans l'intérieur du cristal et n'a pas attiré l'attention des minéralogistes ou bien n'a pas été reconnu comme élément cristallin particulier et important. Lorsque parfois les faces de cette pyramide ressortaient en dehors on a conclu à tort que c'était des faces du prisme. Lorsqu'elle apparait dans la nature d'une manière indépendante, on la qualifie de difformité, car ses particularités caractéristiques contredisent décidément la conception mathématique fondamentale que l'on a du cristal.

J'attribue la formule kP à tout le noyau du cristal, soit-ce une simple pyramide géométrique ou bien une double pyramide cristallographique fermée, soit-ce un groupe de pyramides dont les hauteurs coïncident avec la direction de l'axe principal du cristal.

Ces pyramides intérieures ne peuvent être observées que dans des cristaux mal développés ou colorés inégalement. Dans les cristaux parfaits elles semblent se dérober à l'observation; voilà pourquoi je leurs donne le nom de *cryptopyramides* ou pyramides dissimulées. Je suis arrivé à l'idée de la cryptopyramide non grâce au hasard, mais par suite des déductions suivantes que les faits ont confirmées plus tard *.

. . . .

Du développement de la cryptopyramide.

La cryptopyramide doit son origine à une molécule unique qui devient le centre d'attraction des molécules voisines; ces dernières, après s'être détachées de la solution, adhèrent à cette molécule et forment la substance même de l'unité qui surgit. Cette même molécule primitive est le sommet de la cryptopyramide, c'est de ce point que continue son développement ultérieur. La dessus il est évident que la pyramide, à son origine du moins, occupe une position inverse, c. à d. son sommet est dirigé vers la roche, sa base tire du côté opposé. Je n'assume pas l'explication théorique ni de la structure, ni de la dynamique moléculaires parce qu'elle me semble prématurée. L'idée que j'émets est neuve et, à première vue, elle semble en contradiction avec la science des minéraux, par conséquent elle exige beaucoup de faits pour être prouvée. Il est cependant au dessus de mes forces dans le court espace de temps que j'ai consacré à cette ques-

---

* Les déductions dont il est mention n'ont pas été trouvées dans les papiers. *Red.*

tion de rassembler la quantité énorme de matériaux nécessaires pour développer la théorie moléculaire de la cryptopyramide. Je préfère donc m'en tenir strictement à l'observation des faits.

On trouvera peut-être que les idées exposées dans ce mémoire sont assez problématiques, assez hardies, sans preuves
à l'appui et, peut-être, même erronées; mais il faut prendre
en considération que je n'ai eu à ma disposition ni riche
musée, ni instruments précis, ni même d'adjoint pour m'aider,
puisque j'ai dû préparer personnellement plusieurs centaines
de plaques nécessaires à mes observations; on excusera mes
erreurs et une critique impartiale et consciencieuse me rendra
justice.

Pour en revenir à la supposition que je viens d'émettre,
je répète que la pyramide incluse dans l'enveloppe prismatique doit avoir à l'origine de sa formation une position inverse—le sommet se trouver en bas, la base en haut. En
admettant le contraire nous ne pouvons expliquer la formation
de l'enveloppe prismatique, car nous savons que la cryptopyramide, entièrement développée, s'observe si rarement, surtout
dans les cristaux par excellence, que jusqu'à présent personne
ne l'a encore observée.

En effet représentons nous un minérai à cristaux prismatiques, grands et petits, où chaque cristal part d'un noyau
pyramidal. Admettons que les pyramides convergent par leurs
bases vers la roche et qu'en atteignant différentes dimensions
elles commencent à se recouvrir d'enveloppes prismatiques;
nous ne pouvons nous rendre compte pourquoi il n'est resté
aucun cristal pyramidal, pourquoi nous ne les voyons jamais
dans certaines espèces minérales telles que le béryl, la tourmaline etc.

Pour expliquer le développement de la cryptopyramide
j'émettrai trois hypothèses:

1) Lorsque la cryptopyramide apparaît dans l'intérieur
d'un cristal prismatique sous l'aspect d'une pyramide géométrique, c. à d. une moitié de la cristallographique, alors sa

formation peut s'accomplir de la manière suivante: supposons
que le rapport axiale de la cryptopyramide soit $a : c = 1 : 5$
(la molécule primitive). Si les axes cristallins sont l'expression
de la tension des forces qui agissent dans le cristal, comme
le supposent la plupart des minéralogistes — alors la molécule
primitive h attirera à son début les 4 molécules dans la direction de l'axe c. C'est à ce moment seulement que la
dernière de ces molécules, qui s'agrègent, parviendra à attirer
une molécule à sa droite et à sa gauche comme le prouve
la coupe diagonale, fig. 8. Le système pyramidal ainsi
organisé agira de suite comme un corps entier sur
les molécules avoisinantes. Mais ces dernières ne for-
meront pas corps avec la pyramide, elles constitue-
ront l'enveloppe.

Fig. 8.

Un cas semblable doit se produire dans le rutile et c'est
ainsi que l'on s'explique son hémimorphisme.

Telle doit être la formation de la tourmaline et de la topaze à pôles électriques. C'est à cela aussi que se rapporte
la formation des groupes, mais j'en parlerai plus loin*.

. . . .

La cryptopyramide nous présente un phénomène tout particulier. Étant l'expression du minimum de la tension infinie
des forces cristallogénétiques dans la direction de l'axe principal du cristal prismatique elle doit toujours être aiguë, et
d'autant plus que le cristal est moins enclin à être compliqué
par des formes pyramidales. L'observation et l'induction théorique nous amènent à croire que la cryptopyramide n'est
pas une pyramide véritable, mais plutôt un milieu entre la
pyramide et le prisme; c'est pour ainsi dire un prisme qui
se transforme graduellement à ses deux extrémités en pyramide n'ayant pas de zône distincte, ni d'axes cristallins à sa

---

* Les deux autres hypothèses n'ont pas été trouvées dans les papiers du
défunt. *Réd.*

base, ni d'arêtes fondamentales*. Ils sont remplacés par un prisme limité par des faces convexes qui se convertissent graduellement en pyramide, qui doit avoir les éléments de la pyramide fondamentale. Voilà pourquoi en la voyant à l'œil nu on ne peut apprécier ses dimensions, car ce n'est que dans les points les plus proches de son sommet que ses angles sont définis, et dans sa partie médiale elle doit appartenir au prisme principal. Nous rencontrons des cristaux semblables dans le quartz, où une pareille pyramide se manifeste indépendamment du prisme; de même dans la pyromorphite de Béresov, le corindon, le diaspore, le gypse, la baryte, la tourmaline, quand elle est incluse dans la topaze (monts d'Ilmen).

Les angles de la base, dont les faces sont encore arrondies et pour la plupart très inégales, ne peuvent être déterminés d'une manière précise. De semblables pyramides arrondies se manifestent quelquefois dans la cassure conchoïdale, ou pour mieux dire dans la cassure ellipsoïdale de certaines tourmalines de Moursinka sur OP. Par suite on doit admettre que la cryptopyramide n'est pas un élément cristallographique, mais cristallogénétique, car elle ne possède ni la précision, ni la régularité qui caractérise particulièrement l'idéal de la pyramide cristalline, c. à d. de la forme rigoureusement mathématique. On aurait pu la nommer aussi *pyramide prismatoïde*.

Les cryptopyramides peuvent être obtuses et aiguës. Les premières s'observent dans les cristaux où les formes prismatiques dominent, et sont toujours jointes à des pyramides; les secondes, c. à d. les aiguës, s'observent dans les cristaux qui présentent rarement des pyramides. Plus est rare la combinaison des pyramides avec les prismes, plus elles sont aiguës (la chiastolite); y a-t il absence de pyramide—il est difficile de discerner la cryptopyramide d'avec le prisme.

---

* Mais elle a comme chaque pyramide des arêtes polaires, que le prisme n'a pas.

La propriété de la cryptopyramide.

1. La cryptopyramide n'est pas une forme simple; elle est le plus souvent la combinaison des formes pyramidales avec les formes prismatiques correspondantes; c'est un prisme, mais seulement $c < \infty$. Elle pointe pour ainsi dire la combinaison des formes prismatiques.

La cryptopyramide n'est pas toujours un cristal simple; elle présente un agrégat polysyntéthique et quelques pyramides élémentaires (vicinale, p. génératrice). (Le béryl, la tourmaline).

2. Elle peut se répéter plusieurs fois dans la direction de l'axe principal, (le béryl, la chiastolite), sera-t-elle partie d'un prisme de substance identique par sa composition ou sera-t-elle incluse dans un autre minéral, (la tourmaline dans la topaze).

3. Elle peut former des mâcles*, ou bien plusieurs pyramides peuvent être incluses dans un seul prisme, (la calcite).

4. Elle est quelquefois non entièrement développée et même défigurée comme les formes manifestes.

5. Elle peut être limitée par des plans, mais le plus souvent elle l'est par des surfaces curvilignes.

6. Lors du développement du cristal sa position est inverse — le sommet est à la base, et la base au sommet.

Cela se voit: a) quand le cristal est dans la roche,
b) dans la tourmaline incluse dans la topaze,
c) dans le quartz en forme de grains de chapelet.

7. Elle ne se trouve pas toujours au milieu du prisme; le plus souvent elle est déplacée vers le côté.

8. Elle se manifeste encore sous forme d'ailes de propagation; elle a divers modes d'agglomération des angles

* Le béryl d'Ad. № 7 de ma collection.

trièdres qui se trouvent entre elles. (Le spath calcaire, le soufre).

9. Elle est limitée quelquefois pas des surfaces convexes.

10. Elle a quelquefois l'aspect de noyaux arrondis de diverses formes: ronds, elliptiques, à pyramides arrondies etc. Quelquefois quelques unes de ses parties sont criblées de faces, de sorte que cette forme arrondie a en partie un caractère polygonal. Cela est surtout distinct dans les cristaux de la tourmaline. On le voit d'abord aux surfaces d'une colonnette détachée d'un cristal de la tourmaline: les deux extrémités sont presque toujours limitées par des surfaces convexes ou concaves; il arrive aussi qu'une des extrémités présente une surface convexe, et l'autre — une surface concave. L'une de ces surfaces curvilignes traverse la coupe entière du cristal se bornant à sa partie centrale; à la périphérie elle disparaît dans une cassure inégale. Il est évident que le noyau seul peut avoir la forme de grains ou en être composé, quant à l'enveloppe, elle a une autre structure. Cela se prouve d'une manière frappante par les cristaux à colonnes écourtées venus de Moursinka: on remarque à l'œil nu dans l'intérieur du cristal ce noyau rond, entouré à une certaine distance de couches concentriques; puis commence l'enveloppe dont la structure a un caractère différent. Dans une lame très mince, je n'ai aperçu à ses deux extrémités que des concavités, fig. 9, d'où je conclu que ces corps arrondis

Fig. 9. sont disposés en grand nombre dans l'intérieur du cristal, le long de son axe principal; mais ils ne sont que dans le noyau et n'apparaissent jamais dans l'enveloppe *. Quelquefois l'on aperçoit dans une seule et même coupe plusieurs grains pareilles mais toujours uniquement dans la région du noyau, jamais dans celle de l'enveloppe, ce qui nous mène à conclure que le noyau se compose quelquefois de globulithes.

---

* Je l'ai parfaitement vu dans un cristal de beryl de Nertchinsk qui s'était fendu le long de l'axe principal sous l'influence d'une haute température lors de l'incendie du magasin de pierres précieuses de Lagoutïaew à Ekathérinenbourg.

(Le pechstein de Vilui et la marékanite ne nous offrent-ils pas aussi un cristalloïde composé de globulithes?)

La cryptopyramide doit exister dans tous les cristaux prismatiques qui ne donnent pas de formes pyramidales extérieures*. Elle remplace les formes pyramidales manifestes qui atteignent leur développement intégral dans les autres cristaux. Les cristaux sans formes pyramidales peuvent et doivent le plus souvent être hémimorphes, car la pyramide intérieure, qui marque la forme prismatique, ne peut se développer que dans la direction d'un seul demi-axe, comme la pyramide géométrique. A preuve le développement inégal des faces du même nom dans la topaze: les supérieures sont entièrement développées, celles d'en bas sont à peine visibles. De semblables cristaux doivent être hémimorphes et donner l'électricité polaire, ce qui se remarque principalement dans les topazes de Nertchinsk, spécialement dans ceux de l'Ouroulga. Mais si la cryptopyramide présente le caractère d'une pyramide entière cristallographique c. à d. double — l'électricité doit être central. Ce dernier genre de pyramide peut se répéter plusieurs fois dans un cristal prismatique, ce que l'on voit sans intermédiaire dans les topazes du Brésil. (Dans les chiastolites et les autres minéraux—dans les coupes longitudinales).

---

* L'aspect du noyau pyramidal dans les chiastolites n'est pas un phénomène isolé, seulement propre aux chiastolites; il doit se rapporter à tous les minéraux. C'est un élément cristallogénétique qui exprime l'énergie de l'activité cristallogénétique de tous les types cristallins. Je l'ai étudié dans les systèmes:

quadratique: la vésuvienne, la cassitérite, la scapolite, la méionite, le zircon, la natrolite etc.

hexagonal: le beryl, l'émeraude, la tourmaline, l'apatite.

rhombique: la topaze, la chiastolite etc.

Donc il n'y a aucune raison de tenir la chiastolite pour un minéral isolé. Il se distingue de l'andalousite uniquement par la netteté avec laquelle se manifeste la cryptopyramide et les ailes de propagation.

Importance de la cryptopyramide.

La cryptopyramide a une grande importance sous beaucoup de rapports:

1. Elle détermine plus précisement la forme primitive du
minéral, car c'est elle qui est justement cette forme primitive·

La détermination de la forme primitive de la topaze, donnée
par Mr Kokcharow, c. à d. 0,5285 : 1 : 0,9539, est plus juste
que 0,5285 : 1 : 0,4768.

Cela se prouve par le dichroïsme de la topaze du Brésil
et de la Sibérie: dans la direction de la ligne brachiodiagonale le dichroïsme est presque imperceptible, même à la loupe
dichroscopique, car l'élasticité de l'éther est presque égale
dans les directions b et c. Leur rapport est de 1 : 0,9539
c. à d. presque$=0,000104$.

2. La cryptopyramide· détermine les rapports cristallogénétiques du cristal, comme étant leur plus importante manifestation *.

4. Elle dénote les principales faces prismatiques, car apparaîssant quelquefois en combinaison avec une autre pyramide,
qui correspond à un prisme de ce genre, rend ce dernier
comme indispensable pour les combinaisons des cristaux de
l'espèce minérale donnée. Ainsi, par exemple, dans la topaze
la cryptopyramide se complique quelquefois par les faces d'une ·
autre pyramide, qui correspondent aux faces du prisme l (∞P)
qui apparaît presque toujours avec M (P); quelquefois même
son développement prédomine. Par là nous pouvons reconnaître,
quelles sont les formes pyramidales et prismatiques qui pré·
dominent; il est possible aussi de conclure quelles combinai-

---

* L'axe principal ne doit pas être choisi au hasard, parmi les axes du
cristal. C'est la position de la kP qui l'indique: l'axe principal doit coïncider
avec l'axe de la kP, avec l'axe kPg, c. à d. avec l'axe qui forme la pyramide. Donc la répartition des directions de l'élasticité de l'éther, qui
conditionne les phénomènes optiques, ceux de l'électricité et autres dépend
aussi de la cryptopyramide.

6

sons de forces sont propres à l'espèce minérale donnée. Ainsi, il serait juste de la nommer *pyramide génératrice*.

Là où les formes pyramidales n'apparaissent guère, (dans l'andalousite, la chiastolite et autres), ou lorsqu'elles sont développées d'une façon indistincte, la cryptopyramide est l'unique donnée pour déterminer la forme primitive, comme expression des rapports cristallogénétiques.

La cryptopyramide se manifeste:

1. Par la différence de teinte du noyau et de l'enveloppe, (la topaze, le beryl, la tourmaline, le noyau de la brookite en forme de flèche).

2. Par la différence du noyau et de l'enveloppe sous le rapport axial: le noyau est uniaxe, l'enveloppe — biaxe, (le beryl avec la cryptopyramide compliquée, la milarite avec la cryptopyramide simple).

3. Elle se manifeste à l'œil nu, (dans le beryl, la topaze) et n'est pas entièrement recouverte, (dans le beryl). Alors elle est bornée par des faces: arrondies, rugueuses ou unies. Ce sont ces dernières qui occasionnent un semblant d'inconstance de l'angle dièdre.

4. Par la différence dans la disposition des inclusions:
   a) le noyau n'a pas d'inclusions, (la topaze de S--n) *;
   b) dans le noyau les inclusions sont disposées selon les axes, (la topaze de l'Ouroulga).

5. Par la différence dans le développement du noyau et de l'enveloppe:
   a) le noyau est symétrique, (les beryls et les topazes de l'Ouroulga);
   b) le noyau n'est pas entièrement développé, (dans la topaze d'Adoune-Tschilone il est vésiculaire);
   c) le noyau est rempli d'inclusions, (la topaze rose de Bakakine);

6. Par un clivage qui s'interrompe, (les beryls, les topazes);

* Le mot est indistinct dans le manuscrit. *Red.*

a) le noyau à la cassure conchoïdale;

b) la topaze recouverte d'une croûte noire;

c) l'une des extrémités de la cryptopyramide est convexe, l'autre concave. L'enveloppe a un clivage parfait, (le beryl, la tourmaline)*.

7. Si la pyramide se répète, elle se manifeste sous l'aspect d'une étoile à l'autre bout du cristal, fig. 10, à la suite du reflet, (le beryl).

Fig. 10.

8. Par les stries en hélice à la surface des cristaux, fig. 11, et une disposition semblable des cristaux étrangers, (le beryl, la topaze). Sur la cryptopyramide même, qui resort, on voit des stries hélicoïdes, qui indiquent la disposition identique des couches de l'enveloppe.

Fig. 11.

9. Chaque groupe cristallin est une cryptopyramide ou sa partie; (le beryl jaune d'Adoune-Tschilone, la tourmaline).

10. Par un squelette à l'aspect plumeux, (le spath calcaire, le gypse, le beryl).

11. Par les voies hélicoïdes, (le beryl).

12. Par les stries, (le beryl, la tourmaline, la mizzonite et autres).

13. Par les fissures intérieures, (le beryl).

. . . .

La disposition hélicoïde des molécules cristallines dans la cryptopyramide et l'enveloppe, lors de la formation du cristal, se manifeste:

1. par les stries sur la kP;

2. par le cristal du quartz, contourné en hélice;

3. par les mâcles en spirale;

4. par les petits cristaux qui se disposent en spirale sur un seul grand cristal de la même espèce minérale, ou d'une espèce différente, fig. 12;

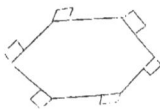

Fig. 12.

* Tout ceci a rapport aux différents cristaux de la collection. *Red.*

5. par les groupes pyramidaux;

6. par les groupes cristallins, dont les parties séparées suivent l'hélice;

7. par le passage de la pyramide en prisme;

8. par les canaux en hélice, (dans la topaze);

9. par les canaux intérieurs, avec les intervalles remplis par une substance étrangère;

10. par les fissures hélicoïdes dans les béryls pierreux (хрящевики) de Moursinka;

11. par les voies hélicoïdes extérieures*, (le beryl etc.), fig. 13, 14, 15, 16, 17, 18, 19.

L'électricité joue un rôle très important lors de la transition de la substance de l'état constant à l'inconstant et vice-versa: observations de Grotus, Pontus, Fontenelle et Pulendorf. L'électricité circule en hélice: l'étincelle électrique, en frappant un arbre, le foudroie en hélice. Il est très probable que la transmission de l'électricité d'une molécule à une autre, lors du mouvement des molécules, communique à ces dernières un mouvement hélicoïde et une disposition identique aux cristaux qui se forment. Dans les fulgurites simples la rangée intérieure est en hélice, dans les compliquées — ce sont les ramifications extérieures qui sont hélicoïdes.

La polarisation rotatoire. Observations de Reusch. Explication. Dans le mica la bissectrice $n\,e$ est perpendiculaire aux feuilles; par conséquent, disposant les feuilles de manière à ce que les normales optiques forment des angles, (fig. 20), je ferai faire à la bissectrice une spirale.

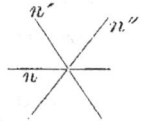

Fig. 20.

La longueur de l'hélice est égale à la hauteur de la pyramide.

L'hélice se voit seulement sur deux faces, si la pyramide apparaît par deux faces; elle se voit sur trois faces, si la pyramide apparaît par trois faces.

On voit toujours des stries sur les faces de la pyramide:

---

* La spirale s'observe aussi sur les faces rugueuses, qui reposent dans la roche.

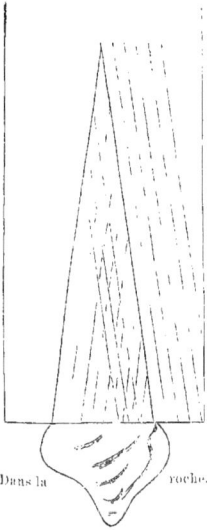

Dans la   roche.

Fig. 13.

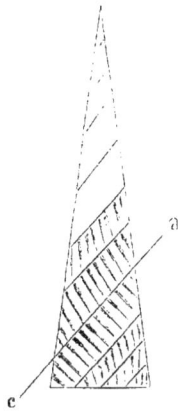

Fig. 14.

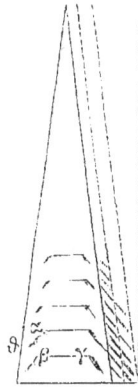

Fig. 15.

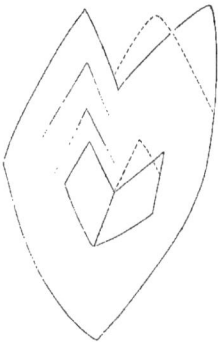

Fig. 16.

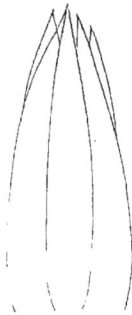

Fig. 17.

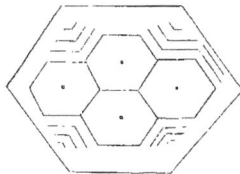

Fig. 19.

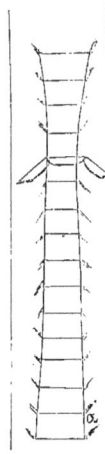

Fig. 18.

a) perpendiculaires à l'axe — se sont les stries des arêtes latérales de la pyramide,

b) obliques à l'axe — se sont les stries des arêtes culminantes (la spirale) de la pyramide,

c) **parallèles à l'axe**—les stries fictives, qui appartiennent aussi aux arêtes latérales (γ).

Tout cela se voit selon le mode d'éclairage.

Les stries.

L'étude de la structure intérieure du cristal doit commencer par l'examen de son enveloppe.

L'une des données importantes pour l'étude des propriétés cristallogénétiques du cristal sont les stries qui se trouvent à la surface des cristaux, et qui se voient à la lumière réfléchie, de même que les stries qui se trouvent dans l'intérieur du cristal, et qui s'observent à la lumière transmise.

Commençons par l'examen des dernières, qui sont les plus fréquentes et les plus commodes pour l'observation. En examinant le cristal perpendiculairement à l'axe optique sans intermédiaire, ou bien au microscope, dans les rayons transversaux, nous remarquons des stries disposées régulièrement. A première vue nous sommes frappés de leur mode de groupement. Nous remarquons qu'elles sont réunies en groupes ou systèmes orientés par rapport à l'axe principal du cristal. Notre attention est attirée, avant tout, par le groupe de stries disposé au centre du cristal. Ces stries sont perpendiculaires à l'axe principal du cristal; dans la plupart des cas elles sont plus distinctes, que les stries des autres systèmes. Ce système, comme unique, est nécessairement la base autour de laquelle se groupent symétriquement les autres systèmes. Nommons ce principal système de stries —*système central*, et les systèmes doubles, disposés aux côtés du système central — *systèmes latéraux*. Les stries des deux systèmes latéraux ne dévient pas également de la direction des stries du système central; les unes dévient moins et forment par conséquent un angle plus obtus; les autres dévient plus et forment un angle moins obtus. Cela prouve que le caractère moléculaire de ces systèmes n'est pas identiques. Nommons celui des systèmes latéraux dont les stries dévient le moins de la direction des stries du système central, — *premier système latéral*, et celui de la plus grande déviation des stries,—*second système latéral*. Cette dénomination n'est pas arbitraire; elle se base sur le degré d'affinité des stries de ces différents systèmes.

Autour du système central se dispose le premier système latéral seul, ou bien le second système latéral seul; quelquefois tous les deux à la fois, en se succédant. Dans le cas ou au système central aboutit immédiatement le premier système latéral, ce dernier est suivi ordinairement par le second latéral. Je n'ai jamais observé de phénomène inverse et, en raison de ma théorie moléculaire, cela ne peut avoir lieu.

Le second système latéral peut immédiatement succéder au système central, mais alors il se prolonge jusqu'aux limites extérieures du cristal; le premier système latéral ne peut lui succéder. Les lignes de démarcation se manifestent quelquefois en forme de raies minces, claires ou foncées, suivant le mode d'éclairage, et nous pouvons aussi nous les tracer en idée, faisant passer une ligne imaginaire par les sommets des angles, que forment, en se rencontrant, les stries des deux systèmes voisins. Une ligne tranchée de démarcation caractérise ordinairement l'intersection du système central avec le second latéral. J'en démontrerai la cause plus bas.

Il est facile de remarquer que les contours de ces systèmes ont la forme de triangles, de trapèzes et de trapézoïdes. Ces figures géométriques nous présentent, pour ainsi dire, les sections normales des pyramides entières, ou tronquées, dont les hauteurs coïncident avec la direction de l'axe principal du cristal, si elles s'inclinent vers lui sous un angle déterminé.

Puis nous observons, que l'on ne voit pas toutes les stries d'une façon également distincte, on voit les unes plus nettement, les autres plus faiblement; les troisièmes, enfin, sont à peine visibles; on dirait qu'elles échappent à l'observation en laissant un espace privé de stries. Un groupe de stries, très légèrement marquées, se détache d'un groupe voisin semblable, du même système, par une raie plus tranchée et plus distinctement marquée. De cette manière tout le système des stries consiste en un grand nombre de groupes, qui ont l'aspect de bandes, dont chacune ne présente rien d'accidentel, mais offre quelque chose de déterminé, d'individualisé. Nous arrivons à cette idée non seulement par suite de la disposition régulière des ombres, mais aussi parce que la même bande passe quelquefois à travers deux et trois systèmes compliqués sans s'interrompre, mais en se repliant suivant les stries de son système.

Les stries nous font voir, sans aucun doute, les traces de la structure intérieure du cristal.

Pour se manifester les stries intérieures n'éxigent pas la présence des stries extérieures. Au contraire, il est nécessaire que la face du cristal soit dénuée d'inégalités, c. à d. qu'elle soit entièrement unie et brillante. Si elle ne l'est pas, il faut un peu la polir, ou bien, si l'on ne veut pas gâter le cristal, il est nécessaire de le recouvrir d'une couche de baume de Canada et d'y coller un verre mince *.

Dans les deux cas nous obtiendrons des conditions favorables pour l'observation; mais il ne s'en suit pas que nous apercevrons absolument les stries, s'il y en a. Elles peuvent échapper à notre attention. Pour les faire apparaître il faut les éclairer d'une façon convenable. Nous arriverons à ce résultat en plaçant le cristal de manière à ce que son axe principal coïncide avec le plan de polarisation du miroir du microscope, ou bien lui soit perpendiculaire ou oblique. Pour atteindre la dernière condition nous éclairerons le cristal par des rayons obliques. En outre il est nécessaire de choisir un diaphragme convenable et de le placer plus près du cristal, ou plus loin, c. à d. le descendre. Dans tous ces cas on prend certainement un diaphragme assez large.

En définitif, même tous ces expédients ne suffisent pas quelquefois. Il faut alors recourir à l'écran. Avec son aide nous

---

* Les stries sont si sensibles, qu'elles disparaissent même si le cristal a été terni par des attouchements.

pouvons diriger vers le miroir du microscope soit les rayons supérieurs, soit les inférieurs. Quelquefois pour arriver à ce but il est utile de se servir du polarisateur. On ne peut arriver à des résultats précis qu'en observant, à la lumière polarisée, des lames préparées d'une manière particulière

Je nommerai *transformation d'éclairage* tous les cas ou un mode d'éclairage est remplacé par un autre.

La figure 21 nous représente la disposition symmétrique et

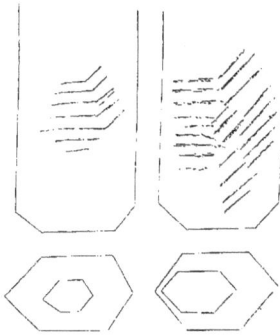

Fig. 21.

dissymétrique des stries, dépendamment de la position du noyau (*kP*).

. . . .

Les bandes.

Les stries dans la bande sont toujours parallèles et également intenses; mais l'intensité des bandes même n'est pas semblable. Les bandes différentes se distinguent les unes des autres par une coloration différente, ou du moins par une différence de ton dans la couleur. Les bandes sont séparées ordinairement d'une manière assez tranchée par des lignes sombres ou claires, suivant le mode d'éclairage. La largeur des bandes n'est pas égale. A en juger par les différences dans les nuances de la bande, on peut conclure qu'elle se compose quelquefois de plusieurs bandes et peut être nommée compliquée.

Il arrive quelquefois que les bandes des systèmes latéraux, qui aboutissent à la bande du système central, sont tout-à-fait identiques à cette dernière, non seulement par leur largeur, mais encore par leur ton et leur nuance; de sorte que deux ou trois bandes pareilles peuvent être prises pour une seule, mais seulement sinueuse ou brisée conformément aux stries des systèmes correspondants. Quelquefois les bandes sont visiblement bornées par les lignes de démarcation, ou bien, avant de les atteindre elles semblent s'interrompre; mais nous pouvons quelquefois les rétablir entièrement en changeant le mode d'éclairage. Il est hors de doute que ces sortes de bandes, quoique de systèmes différents, ont entre elles beaucoup d'affinité et une étroite dépendance.

. . . .

Lignes de démarcations.

Nous avons donné le nom de *lignes de démarcation* à celles qui bornent les systèmes de stries à nomenclature diverse, et nous avons démontré en partie le degré de netteté de leur développement, depuis le trait prononcé jusqu'à sa complète disparition, c. à d. jusqu'au stade problématique. Les plus distinctes, d'ordinaire, sont celles qui séparent le système central des latéraux; quant aux lignes de démarcation, qui bornent les systèmes latéraux entre eux,—pour la plupart on ne les voit pas. Quelquefois on peut les faire apparaître en les éclairant autrement, soit en transposant le miroir ou l'écran; mais souvent même ce moyen est insuffisant.

Observons particulièrement la principale ligne de démarcation, qui sépare le système central du latéral avoisinant. Quelquefois elle est visible tout le long du cristal, ou bien il faut la faire apparaître par parties en changeant l'éclairage. Cette ligne de démarcation, pour la plupart, (pour le beryl), est une ligne compliquée ou sinueuse, composée de plusieurs lignes. Ces dernières, le plus souvent, sont des lignes droites qui se coupent sous certains angles. Quelquefois leur nombre est si grand, leur dimension si petite, que la ligne de démarcation qu'elles composent prend l'aspect d'une scie. Dans quelques cas assez rares la ligne de démarcation se compose de lignes droites et de lignes courbes, qui semblent s'alterner. Ce phénomène, quoique fort rare, est du plus grand intérêt, comme nous le verrons plus loin.

. . . .

En vertu de la définition que nous avons établie, il doit y avoir deux lignes principales de démarcation—la droite et la gauche. Elles sont tantôt égales,—ce qui arrive très rarement, tantôt tout-à-fait différentes. Leur identité ne s'observe que par partie et encore sur une courte étendue.

On doit dire la même chose du degré de leur netteté: si nous distinguons, par exemple, nettement la ligne droite, nous n'apercevons la ligne gauche que confusément, ou bien, en ce moment, nous ne la voyons pas du tout, si nous ne changeons le mode d'éclairage.

. . . .

Les lignes sinueuses, qui forment des angles, convergent toujours vers le sommet du cristal et sont, à l'origine, parallèles aux arêtes de combinaison ∞P et à la pyramide adhérente; plus tard le parallélisme semble s'interrompre, mais ce n'est qu'une aberration, car à mesure de l'éloignement de l'angle et de la modification de la pyramide, (son agrandissement ou son décroissement), nous apercevons dans les lignes de l'enveloppe d'autres arêtes de combinaison.

Là où il n'y a pas de lignes brisées, il n'y a plus d'enveloppe. Les lignes parallèles indiquent la cryptopyramide, qui alors apparaît à la surface.

. . . .

Phénomènes optiques qui dépendent de la cryptopyramide.

Nous savons que l'angle des axes optiques de certains minéraux flotte entre des limites assez étendues, et ces oscillations s'observent quelquefois dans le même cristal à différents niveaux, (la topaze?, le mica). Cela ne provient il pas de la différence de structure de la cryptopyramide et de l'enveloppe prismatique? Pour la topaze cela peut être prouvé par le manque de coïncidence des plans des axes optiques de la kP et de l'enveloppe prismatique (Rosenbusch); probablement que l'angle des axes optiques est de même différent.

Le polychroïsme nous prouve aussi que la structure du noyau et de l'enveloppe est diverse.

Puisque la cryptopyramide passe quelquefois à travers du cristal entier, quelquefois à travers une de ses parties seulement, ou bien se répète par intervalles plusieurs fois dans la direction de l'axe principal, (la chiastolite, sans doute aussi l'andalousite et autres) nous pouvons avoir le cas suivant: représentons nous, par exemple, la coupe macrodiagonale, la combinaison hémimorphe d'un prisme rhombique n p l m avec les faces des deux pyramides n o p et l o' m, ce qui est représenté par la fig. 22. Supposons que ce cristal complexe renferme la cryptopyramide o c k d qui aboutit au prisme dans la coupe c d et se confond presque avec la pyramide n o p dans la coupe a b. Taillons quelques lames dans ce cristal perpendiculairement à l'axe à différents niveaux. La lame au niveau de e f nous montrera que le cristal possède un noyau et une enveloppe, qui peuvent avoir différent angle d'axes optiques. La lame au niveau de a b donnera le même résultat, mais la propriété optique de l'enveloppe échappera à l'observation, vu ses dimensions trop minimes. La lame au niveau c d donnera à l'observation l'angle des axes optiques propre au noyau et, si nous nous bornons à l'observation de cette seule lame, nous supposerons que cet angle appartient à tout le cristal; mais si nous taillons une lame au niveau g h nous y trouverons avec surprise un autre angle

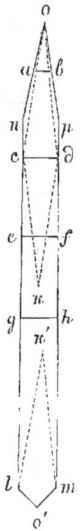

Fig. 22.

d'axes optiques, différent du premier, car il appartient non au noyau, mais à l'enveloppe, c. à d. au prisme *. Sachant que la cryptopyramide existe, nous devons, dans ce cas, tailler plusieurs lames dans le cristal, ce qui nous permettra de découvrir des stades successifs, qui dissiperont nos doutes; dans le cas contraire, il ne nous reste que faire des hypothèses, ou laisser cette question non résolue. Dans les cristaux colorés on atteint ce but plus facilement, car les complications du cristal se dévoilent plus souvent; le manque de précision nous amènera seulement à conclure que le cristal entier est complexe, c. à d. égal à tous ses niveaux. Il en est autrement dans les cristaux incolores, ou faiblement colorés: l'on n'y voit les complications que lors des recherches faites à la lumière des rayons parallèles.

Maintenant, comment déterminer le caractère d'une complication semblable?

On y arrive plus facilement dans les cristaux colorés. Une lame taillée dans la direction de l'axe vertical, même si elle ne passe pas à travers l'axe principal, dévoilera de suite l'inclusion de la cryptopyramide dans le prisme par une différence de coloration, ou d'intensité dans cette coloration. On ne peut cependant en agir toujours avec le cristal d'une manière aussi simple. Il arrive qu'on est obligé de se contenter d'une lame taillée perpendiculairement à l'axe principal. Il faut dans ce cas que les deux plans de la lame soient tout-à-fait parallèles. Si le cristal est trasparent, il faut déterminer au

---

* Circel et Rosenbusch décrivent comme une certaine particularité l'absence du noyau dans la coupe transversale des cristaux de la chiastolite. Mais je dirai que dans chaque cristal de chiastolite on peut voir, aux niveaux différents, le noyau dans ses différentes dimensions et enfin sa complète absence, selon la partie de la pyramide à travers laquelle est faite la coupe, – est-ce à travers le maximum ou le minimum de son développement. Dans le premier cas nous avons le plus grand volume du noyau, dans le dernier le moindre et enfin sa complète absence, si la coupe traverse le sommet de la pyramide.

microscope, à un faible grossissement, les dimensions des sections
du noyau sur les deux plans de la lame et les comparer entre
elles, de même qu'avec la section prismatique constante. Si
la pyramide est incluse dans le prisme,—ces dimensions sont
inégales, excepté le cas où nous prenons une lame au niveau
c d par exemple, et que ses deux faces artificielles—la supérieure et l'inférieure — sont à égale portée du plan des
axes latéraux de la pyramide, c. à d. de la section basique,
dont *c d* donne la projection. Il faut donc toujours tailler
deux lames au moins, ou une seule, mais épaisse. Cette dernière condition est aussi nécessaire pour pouvoir déterminer
plus facilement la différence entre la section supérieure et
l'inférieure de la pyramide, qui pour la plupart est très aiguë.

Il est beaucoup plus difficile de trouver cette pyramide intérieure dans les cristaux incolores. Ici il est presque indispensable de tailler une lame parallèlement à l'axe principal.
Cette lame doit être très mince, afin que l'on puisse, à la
lumière parallèle des rayons polarisés, saisir par la différence
des couleurs de polarisation celle de la structure du noyau
et de l'enveloppe. Ainsi, cette pyramide semble se dérober
à l'observation, et quelquefois ce n'est qu'à grande peine que
l'on peut la remarquer. Telle est la raison pourquoi je l'ai
appelée cryptopyramide ou pyramide dissimulée.

. . . .

Le pollissage des lames pour l'observation.

Pour pouvoir vérifier les faits émis dans ce mémoire et
juger ma théorie, concernant l'architecture des cristaux anisotropes, il est nécessaire de s'astreindre à une grande
précision lors du pollisage des lames que l'on choisit pour
des recherches précises, surtout les microscopiques. J'engage
donc à prendre les précautions nécessaires à cet effet, et je
me permets d'indiquer la raison des erreurs, qui se com-
mettent par suite de négligence.

Pour observer d'une manière précise les faits que je viens
de mentionner, on a besoin de préparer deux sortes de lames:
les unes perpendiculaires, les autres parallèles à l'axe du cristal.
Pour préparer les premières il faut, avant tout, déterminer soigneusement les angles du cristal, qui, quelquefois, semble seulement prismatique. Nous rencontrons le plus souvent des pyramides avec un écart insignifiant du prisme. Par conséquent, pour
le polissage, soit à l'aide du quadrant ou d'un autre procédé,
il ne faut pas prendre pour base le plan pyramidal, quoiqu'il
soit toujours plus développé que le prismatique: il est toujours
plus uni, plus brillant, quoique on y observe ordinairement
trois systèmes de stries; mais elles sont à peine visibles et ne
défigurent pas le plan de la surface. Quant aux plans prismatiques, ils n'ont qu'un seul système vertical de stries (parallèles à l'axe). Trouvons nous plus commode de prendre
pour base le plan pyramidal, nous devons, pour obtenir un
plan perpendiculaire à l'axe, faire une petite correction, c. à d.
ajouter ou rabattre l'angle z sur le quadrant, (écart du plan
pyramidal du prismatique). La négligence de ce procédé peut
mener à un résultat erroné.

La lame doit être mince au possible, mais pourtant de façon
à ce que l'on puisse voir les figures d'interférence. Alors, le
phénomène est plus distinct, car les couches de l'enveloppe
ne s'entrerecouvrent pas.

Dans la lame préparée la section supérieure et inférieure
de la cryptopyramide doivent être proportionnelles, c. à d.
leur rapport doit correspondre à l'angle dièdre de la cryptopyramide. Car il peut arriver, que la lame soit taillée dans
la partie du cristal où se joignent deux pyramides, disposées
d'une manière inverse l'une à l'autre.

Pour étudier les propriétés de la cryptopyramide et de
l'enveloppe, il faut choisir un cristal avec une enveloppe, au
possible, simple, et tailler la coupe dans le partie plus proche
du sommet de la cryptopyramide. Quant aux lames parallèles
à l'axe, je conseille d'en préparer deux exemplaires. L'un

doit correspondre à la section normale, c. à d. à celle qui passe à travers l'axe principal et l'un des seconds latéraux, et l'autre doit correspondre à la section diagonale, qui traverse l'axe principal et les arêtes culminantes. La première lame est surtout convenable pour l'étude de la cryptopyramide et de l'enveloppe, la seconde nous découvre les différentes espèces de complication de ces parties du cristal et nous dévoile la présence des ailes, si ces dernières existent.

Il faut ici, de même, avoir avant tout en vue les précautions que je viens d'énumérer, c. à d. ne pas adapter le quadrant à toute espèce de plan, sans l'examiner. Il faut choisir pour cela un plan prismatique ou pyramidal, mais avec correction. Il est plus sûr que l'expérimentateur, ou son aide, préparent ces lames, et non un joaillier. Ce dernier, s'il n'est pas averti surtout, collera le cristal à l'appareil du plan-parallèle avec la face qu'il comptera prismatique, et la taillera jusqu'à ce que la coupe traversera le centre du cristal, certainement à vue d'œil. Une lame, ainsi taillée, donnera lieu à plus d'une erreur. L'expérimentateur lui même mettera sans doute plus de soin à cet ouvrage.

Supposons que nous avons pris pour base la face prismatique, ou la pyramidale avec correction. Pour l'étude des propriétés de la cryptopyramide et de la structure de l'enveloppe la coupe normale est plus importante. Pour ce but nous devons avant tout savoir comment est disposée la kP intérieure, — d'une manière symétrique ou dissymètrique, ce que l'on peut voir dans une lame perpendiculaire à l'axe, préparée à l'avance. Sans cette précaution il peut arriver que nous couperons toute la kP et ne conserverons que l'enveloppe. Alors, en examinant la lame au microscope, nous ne comprendrons pas ce que nous aurons obtenu.

Après avoir choisi la partie du cristal, qui doit nous donner la lame, nous commençons le polissage, nous servant du quadrant, ou collant le morceau sur un verre épais, en le réglant avec d'autres verres, posés de côté.

D'abord, coupant grossièrement l'angle du prisme, nous obtiendrons le plan $f\,g$, fig. 23; puis, en taillant délicatement, avec grande précaution, nous arriverons à un plan qui traversera la cryptopyramide, et dont la projection sera $a\,b$. Il est hors de doute, qu'il est plus utile de choisir un cristal où la kP est surtout bien développée; il faut aussi que les faces de la lame, après avoir traversées les arêtes culminantes de la pyramide, soient plus rapprochées du centre du cristal que les dernières. Nous n'obtiendrons alors que les deux faces de la cryptopyramide perpendiculaires à la lame, comme le montre la figure 24. Ce genre de taille est le plus convenable. Nous y voyons l'inclinaison des faces de la kP, la disposition des couches de l'enveloppe, les stries transversales etc.

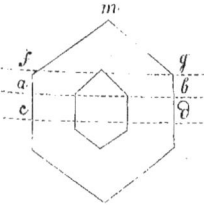

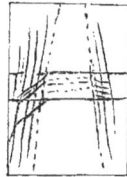

Fig. 23.

Fig. 24.

Mais si le noyau du cristal n'est pas disposé d'une manière symétrique, si nous n'avons pas éxaminé préalablement la lame perpendiculaire à l'axe principal, et que nous taillons au hasard la lame $a\,b\,c\,d$, fig. 25, nous n'obtiendrons rien de valuable, alors même que l'aspect extérieur du cristal nous promettait une réussite, par la raison que ces faces traversent les arêtes du prisme. La kP aura disparu à la suite du polissage, et nous n'aurons à observer que deux ou trois systèmes de raies, dans lesquelles nous ne comprendrons rien; quant aux stries horizontales,— il n'en sera pas question. (C'est sans doute la raison qui a empêché Mr Mallard de présenter dans son travail la coupe longitudinale du beryl).

Fig. 25.

Il en sera autrement, si nous faisons préalablement un exa-

men convenable. Alors la lame f g k l étant préparée, nous
y verrons tout ce qu'il est urgent d'obtenir. Une lame taillée
normalement dans le cristal possède toutes les prérogative
en comparaison avec la taille diagonale, c. à d. celle qui
renferme, outre l'axe principal, l'un des latéraux. Un joaillier
préférera tailler cette dernière dans un cristal hexagonal;
ses plans sont parallèles aux plans du prisme hexagonal fictif
ou réel. Mais une lame de ce genre est bien moins instructive.
Avant tout, il est à remarquer, que cette lame doit être réduite au minimum de son épaisseur, car elle traverse les
arêtes du prisme. Si nous ne la réduisons pas au minimum
d'épaisseur, les parties adhérentes aux arêtes du prisme,
bornées par deux faces du prisme au point de leur intersection, ne peuvent être observées au microscope.

Supposons cependant qu'elle est réduite à quelques cen-
tièmes de millimètre d'épaisseur et possède un noyau symè-
trique. Alors nous ne pourrons nous faire une idée approxi-
mative que du noyau, quant à la structure de l'enveloppe—
elle nous semblera incompréhensible, car les parties angu-
laires de la lame présentrons les couches embrouillées de
l'enveloppe.

Une lame de ce genre ne peut être utile que dans le cas
ou il faut étudier le caractère d'intersèction des couches que
nous avons reconnues, ou pour observer les ailes de propagation du système monoclinique et triclinique (?) (брусковой
системы).

Détermination des éléments de la cryptopyramide.

On détermine les éléments de la cryptopyramide:

1. Par la mesure immédiate des angles dièdres.

2. Par les calculs déduits des sections de lames très épaisses, fig. 26.

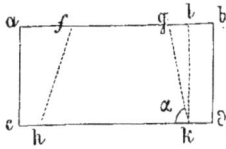

Fig. 26.

$$gb - kd = gl =$$
$$lk = gl. \; tg. \; lgk$$
$$lk : (gb-kd) = tg \; \alpha$$

3. Dans les lames épaisses, perpendiculaires à l'axe,—par le réglage des nuances de la coloration, c. à d. en amenant la lame cristalline exactement à la même teinte dans toutes ses parties, fig. 27.

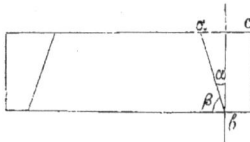

Fig. 27.

$$c : n = tg \; \beta$$
$$n = a - Sn \; 60^o$$
$$c : a. \; Sn \; 60 = tg \; \beta$$
$$c : a = tg \; \beta. \; Sn \; 60$$

4. Dans les lames fort minces par le réglage des couleurs de la polarisation, c. à d. qu'il faut atteindre l'égalité de teinte des couleurs de polarisation.

5. Dans la coupe longitudinale.

Enfin après avoir déterminé à peu près l'angle cherché on poli une lame perpendiculaire à l'une des faces de la pyramide et l'appareil polarisatoir doit nous montrer les anneaux avec une croix non disloquée. Si la croix est disloquée, sachant que les sommets des hyperboles se trouvent sur la normale, nous pouvons faire une correction en tournant la lame dans la direction de l'axe normale.

7*

Je suppose que l'on peut trouver sans intermédiaire l'angle que déterminent les hyperboles en tournant la lame à l'aide du goniomètre, comme on le fait dans les cristaux à deux axes. L'angle trouvé doit être l'angle supplémentaire de l'angle normal de la pyramide.

Enfin, on détermine les éléments de la cryptopyramide en tournant la lame autour de l'axe, perpendiculairement à l'axe du microscope, jusqu'à ce que les plans de jonction des couches de l'enveloppe prennent une position perpendiculaire au champ visuel, ce qui se manifeste par une démarcation très nette des couches. Une lame perpendiculaire à l'axe principal satisfait entièrement ce but.

On peut déterminer les éléments de la cryptopyramide, l'inclinaison de l'axe optique de l'enveloppe dans les cristaux à un axe et l'inclinaison du plan des axes optiques d'après les stries.

Ici deux cas se présentent: a) une lame polie et b) le cristal immédiat.

Dans ce but il faut polir une lame parallèle à la section normale, mais de manière à ce que cette lame traverse le centre de la cryptopyramide ou du moins soit perpendiculaire aux deux faces ∞P parallèles entre elles. Alors (fig. 28):

Fig. 28.

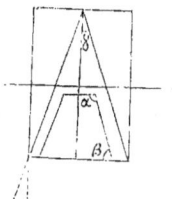

∞P $\alpha = 180 - \beta$; $\beta = 180 - \alpha$

$kP_\beta = $ l'angle d'inclinaison du plan;

γ (l'angle d'inclinaison des axes optiques) $= 90° - \beta$

6. A l'aide des stries transversales: l'on détermine l'angle normal α sans intermédiaire; $\beta = p\ q\ r - \alpha$, fig. 29.

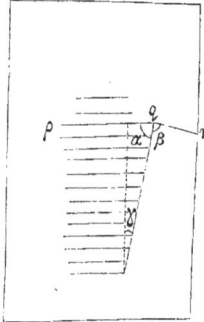

Fig. 29.

Si $\alpha = \beta$ alors l'enveloppe primit. pyram. a des dimensions égales avec la pyram. primit. du noyau.

Le beryl.

Les perturbations optiques du beryl s'expliquent par la présence de la cryptopyramide et de l'enveloppe, dont la composition et la disposition moléculaires sont autres que dans le noyau. C'est ce qui explique la polarisation lamellaire de Biot dans les apophyllites. L'enchevêtrement optique ne provient-il pas de ce que les observations dans les lames (perpendiculaires et parallèles à l'axe) se font à travers deux couches,—l'une du noyau, l'autre de l'enveloppe qui consiste en lamelles du noyau, mais posées obliquement.

Examinons la lame $g\ k\ h\ l$ perpendiculaire à l'axe, fig. 30. La partie de l'enveloppe $g\ k\ m\ n$ se trouve dans le plan de l'axe principal, donc elle s'éteind entre deux Nicols perpendiculaires en même temps que la partie $m\ n\ p\ q$ de la pyramide observée aux rayons parallèles. Dans les rayons convergents l'effet sera autre certainement: le noyau nous présentera le phénomène d'un cristal à un axe, l'enveloppe -- celui d'un cristal à deux axes.

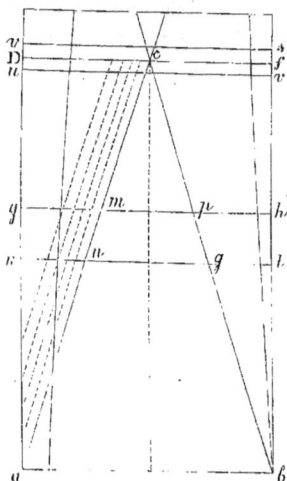

Fig. 30.

Si la coupe traverse le point de réunion de deux pyramides, c. à d. *v s u v* (quand la pyramide est très aiguë) la lame semble biaxe. On parvient rarement à obtenir une image distincte de l'une et l'autre de ces phases On obtient ordinairement une image confuse par les raisons suivantes: la *kP* est toujours très aiguë; elle est recouverte d'une enveloppe composée de plusieurs, souvent de beaucoup de couches; (ainsi, sur l'espace d'un millimètre de section nous en voyons plus de dix.). Outre cela, lors de la croissance du cristal, son contour change. Quelquefois la couleur de la couche, qui entre dans la composition de l'enveloppe, change en même temps; (c'est par là que s'explique la variété des couleurs du cristal, c. à d. la différence de coloration des deux extrémités du cristal). Supposons que nous examinions une couche de 4 millim. d'épaisseur dans les rayons convergents; là-dessus le rayon doit traverser au moins deux couches, (mais il arrive qu'il en traverse davantage). La première couche donne l'image d'un cristal uniaxe, mais un peu déformée, car la couche est inclinée vers l'axe, par suite les anneaux doivent être elliptiques et la croix disloquée; plus loin le rayon traverse une seconde couche....

Nous remarquons un phénomène semblable dans les aragonites et les quartzs. Dans ces derniers il se complique encore plus par suite de la polarisation rotatoire; nous voyons sou-

vent la dégénération de la croix en deux hyperboles et même
en spirale d'Airy.

En observant une lame sans polariscope nous voyons ces
lignes qui marquent les différentes phases du développement
de l'enveloppe. Mais nous ne les voyons pas distinctement
à cause de la disposition oblique des couches, et nous examinons la ligne donnée sur la face inférieure de la lame à
travers plusieurs couches, surquoi, à la suite de la réfraction,
elle peut nous paraître sinueuse. Ensuite, si le cristal est
transparent, nous projetons les lignes qui limitent les formes
de l'enveloppe (ou du noyau) dans un même plan du champ
visuel, et il nous semble que les couches s'entrelacent, que
dans les parties adhérentes aux axes (les couches horizontales, les bandes,) elles se superposent. C'est une illusion optique,
quoiqu'il soit possible que les bandes se touchent ici dans
les ailes.

L'inclinaison des couches de l'enveloppe vers l'axe principal et leur parallèlisme aux faces, aux arêtes de la kP, ou
aux faces des autres pyramides qui dérivent de la kP et qui
ont avec elle un axe principal commun, sont prouvés par
les phénomènes suivants: si l'enveloppe et le noyau ne sont
pas également colorés, nous pouvons, en examinant une lame
épaisse perpendiculaire à C, distinguer nettement le noyau
de l'enveloppe et voir aussi quelques détails de la structure
de cette dernière, même à la loupe, surtout dans les cristaux
de 5—10 millim. d'épaisseur, dans la direction des axes latéraux. Mais si en tenant la lame devant l'œil nous la faisons
tourner autour de l'un des axes latéraux, ce qui fait que
l'axe principal prend certainement une position oblique, nous
remarquons que les limites entre le noyau et l'enveloppe
s'effacent peu à peu, et leur différence de coloration diminue.
Enfin, si nous plaçons la lame de manière à ce que le rayon
visuel se trouve dans l'un des plans de la pyramide et passe
le long des couches de l'enveloppe, parallèle à ce plan,—la
différence de couleur du noyau et de l'enveloppe disparait:
l'enveloppe prend la couleur du noyau. Il y a sans doute

autant de positions pareilles que de faces à la cryptopyramide. Il s'ensuit: 1) que le noyau a une structure homogène, 2) que les couches sont homogènes au noyau, 3) ....
....

Quand la cristallisation s'accomplit sans obstacles, la kP se confond entièrement avec l'enveloppe, elles sont de la même couleur.

La moindre perturbation amène à sa suite des différences de coloration. Est-ce la kP ou l'enveloppe qui sera colorée d'une manière plus intense? Cela dépend du moment ou commençe la perturbation.

Puis suit l'influence des mélanges.

En cas de cristallisation fort précipitée on observe la formation des ailes et l'absorption des mélanges de la solution par la kP et les ailes.

---

* L'axe optique de toutes les couches d'un même système, qui adhère à l'un des pans de la kP, est parallèle à ce pan et se trouve dans le plan qui traverse l'axe principal de la kP et est en même temps perpendiculaire à son pan.

III.

Notes diverses.

L'hémimorphisme.

L'hémimorphisme se laisse reconnaître non seulement à la manière dont le cristal est limité, mais aussi à sa structure intérieure. Il arrive souvent qu'on ne le remarque pas à la surface du cristal, mais on le voit distinctement dans sa structure intérieure, par exemple dans les beryls, les calcites, etc., qui n'ont qu'une seule extrémité de developpée.

Ce n'est pas un phénomène accidentel, appartenant à quelques minéraux seulement; c'est un phénomène général, propre au moins à chaque minéral anisotrope. La cause en est dans le caractère de la cryptopyramide. Si le développement de la kP dès le commencement est accompagné du développement de l'enveloppe, et il ne s'y accomplit pas de répétitions inverses,—le cristal ne peut être qu'hémimorphe. En cas de répétitions inverses, l'hémimorphisme n'est possible qu'alors que la répétition inverse est suivie de la répétition directe, et cette dernière termine le développement du cristal, fig. 31. De sorte qu'un seul et même minéral peut être holomorphe et hémimorphe. C'est ce qui se remarque, par exemple, dans les topazes. Cela explique aussi la présence ou l'absence de la polarité électrique. Si le cristal tient dans la roche, on n'observe pas certainement d'hémimorphisme, car l'une des extrémités échappe à l'ob-

Fig. 31.

servation; cependant, dans des cas particulièrement favorables, nous pouvons voir cette extrémité en la détachant de la roche. Mais comme elle nous présentera la kP, forme jusqu'ici inconnue, cette extrémité du cristal sera absolument prise pour une irrégularité accidentelle. Nous voyons ici, dans ce qui nous semble un développement incomplet, le penchant du minéral à l'hémimorphisme; (les topazes, les beryls, les tourmalines, les vésuviennes, les chiastolites et beaucoup d'autres).

L'hémimorphisme et les macles.

Explication de l'hémimorphisme par le caractère des macles dans les topazes et genre particulier d'hémitropie.

La topaze est-elle hémimorphe ou non? Voilà une question non encore décidée. Certains savants l'affirment, d'autres le nient. Les noms des uns et des autres occupent une place respectable parmi les érudits de la science. Auxquels faut-il donner la préférence? L'on ne peut pas toujours envisager l'admission de la présence de l'hémimorphisme dans la topaze comme le résultat du manque de perspicacité de l'observateur, et se baser sur la supposition que les faces paires n'ont pas été remarquées, vu leur état rudimentaire. Apparemment que l'observateur, qui examina l'hémimorphisme dans la topaze, ne trouva pas les faces paires, connues, car il étudia les parties du cristal à travers une forte loupe ou bien au microscope. Si ces faces échappent aux observations de ce genre il est naturel de conclure qu'elles n'existent pas, alors même que la corrosion du cristal n'aida pas à la supposition de l'hémimorphisme. Mais l'absence des faces provient-elle de l'hémimorphisme — c'est encore une question. En examinant les cristaux de la topaze de l'Oural et des monts Nertchinsk j'y ai souvent observé les phénomènes de ce que l'on nomme maintenant l'hémimorphisme *plagièdre*. Il faut avaut tout se demander lequel des axes du cristal de la topaze doit être pris pour principal, c. à d. dans quelle direction faut-il chercher l'hémimorphisme dans ce minéral. Si l'on pose le cristal comme cela se fait maintenant*, dans la direction de l'axe C, l'observation de l'hémimorphisme est considérablement gênée par la raison que l'on trouve rarement des cristaux développés aux deux bouts, et même si on les trouve, leurs faces ne sont pas toujours assez bien développées, c. à d. ne sont pas assez unies et brillantes pour que l'on puisse déterminer avec précision les angles qu'elles forment (à l'aide du goniomètre de réflexion). Pourtant cela est très important, car l'hémimorphisme peut être masqué, c. à d. que les faces hétérogènes peuvent être prises pour des faces homogènes, quand les combinaisons des pyramides culminantes paraissent semblables sans être identiques.

On observe plus souvent et plus facilement l'hémimorphisme dans la direction de la base, c. à d. dans la direction des axes latéraux.

. . . .

L'hémimorphisme de la topaze peut être prouvé par la présence de la pyramide intérieure, que l'on peut observer à l'œil nu dans les topazes de Nertchinsk et aussi à l'aide du dichroïsme; dans les topazes d'Ilmen—à l'aide des inclusions et..... **; dans ceux du Brésil par un dichroïsme frappant et par la disposition des cavités et fissures; dans ceux de la Saxe—par les zônes d'inclusions; dans ceux d'Adoune-Tchilone — par le noyau vésiculaire et enfin par l'absence complète des faces.

---

* La position du cristal, admise pour la topaze, n'est pas juste. Il faut regarder comme axe principal la brachiodiagonale, car c'est elle qui est la bissextrice aiguë; c'est aussi elle qui réuni les pôles électriques. L'idée que l'on se fait du dichroïsme de la topaze n'est pas juste par cause qu'elle a été étudiée sous forme de cubes.

** Mot indistinct dans le manuscrit. *Red.*

Les macles.

La répartition des inégalités et leur caractère ont, sans contredit, une signification très importante dans la solution des problèmes de la cristallogénie, mais on ne peut les expliquer de la manière dont on le fait maintenant. On voit partout des mâcles et, pour les expliquer, on a recours à de nouvelles lois. Là où l'esprit reste impuissant et où aucune fantaisie ne peut déduire de nouvelles lois, on admet des accidents, c. à d. le phénomène reste inexpliqué.

Je suis persuadé que tout cela provient de la fausse idée que l'on se fait du minéral. La science minéralogique compte plus d'un demi-siècle d'existence; une pléiade d'hommes de génie y a laissé les traces brillantes de son passage; leur pénétrant esprit n'a pas manqué d'apercevoir que la structure du cristal est quelquefois très compliquée; néanmoins la thèse de Haüy concernant la structure simple du cristal, c. à d. que le cristal entier est tout aussi homogène que sa molécule,— reste incontestable et sert de fil conducteur dans tous les nouveaux phénomènes, que l'on découvre. Remarque-t-on une complexité du cristal, constate-t-on une déviation des lois optiques, l'observateur est-il encore surpris par d'autres anomalies,—on a toujours recours aux mêmes explications, on allègue les lois des macles, les stratifications isomorphes, la pression produite sur le cristal, sa tension, son rapide refroidissement, quoique rien ne laisse supposer que l'une de ces causes ait pris part à la formation du cristal. L'apparition de traces de macles ne prouve pas encore l'existence de la macle, même si les phénomènes optiques l'indiquait; la différence de coloration dans le cristal, qui provient d'une répartition inégale d'une quantité insignifiante de pigment, ne peut aucunement être prise comme suite des mélanges ou des stratifications isomorphes. Quant à ce qui concerne la part que joue la pression sur le cristal ou son rapide refroidissement, on ne peut ni le nier, ni le soutenir.

A la suite des nouvelles données acquises par la science, Haüy, ressuscité, aurait lui même renoncé à plusieurs de ses principes et aurait dit que ses principes sont justes, mais leur interprétation est trop étroite. Les molécules des cristaux sont toutes homogènes, mais elles ne sont pas disposées identiquement, ce qui occasionne la grande complication des cristaux, de même que les cellules homogènes, par leurs différentes combinaisons, forment la diversité des organismes.

Les macles de la topaze *.

Les cristaux forment dans les topazes trois sortes de macles: les polysynthétiques, les macles croisées et les macles en spirale.

Macles polysynthétiques. Je rapporte à ce groupe les macles dont les individus cristallins ont leurs axes orientés parallèlement. Ils sont de deux genres: les polysynthétiques propres et ceux que l'on peut nommer hémitropes.

---

* Les macles dans la topaze existent sans aucun doute, et même l'hémitropie (‖ à *l* ou *m*), mais elle ne se remarque pas, car le plan de jonction passe à travers les arêtes de combinaison, à la suite de quoi deux individus raccourcis forment un seul cristal entier. En cas de position inverse des individus, la macle ne peut même pas être dévoilée par les phénomènes optiques. Quelquefois cette hémitropie est apparente, mais il est très facile de la prendre pour le polysynthèse (Moursinka). La présence de la macle se manifeste dans la fissure qui traverse souvent les arêtes de combinaison, (Monts Nertchinsk). Quelquefois deux cristaux raccourcis et accolés se distinguent par la couleur, (Adoune-Tchilone).

Nous rencontrons un semblant des macles masquées de la topaze dans la célestine, où le plan de jonction est paralèle à λ *P∞*. Malgré les accolements en macle le plan (face) *P∞* est homogène. Mais le côté droit et le côté gauche du cristal, comme de la célestine sont différents, (ex.—cristal St.).

Un phénomène semblable est représenté par la scolésite, (Nauman p. 628), mais toutes les parties de ce cristal sont homogènes. L'harmotome.

1. *Macles polysynthétiques.*

Si nous examinons la topaze du Brésil dans la direction de l'axe principal, ayant certainement reçu préalablement un plan de clivage, nous remarquons quelquefois une fissure qui traverse l'axe principal du cristal et est parallèle à la face *l*; quelquefois nous en voyons deux, perpendiculaires l'une à l'autre, et qui se coupent dans l'axe principal. Dans le dernier cas elles sont aussi parallèles à *l*. Tout ce groupe, composé de deux ou quatre cristaux, s'enserre par les faces prismatiques *M* et *l* et par une pyramide et présente l'aspect d'un cristal simple. Un examen bien attentif seulement démasque ici la mâcle.

S'il n'y a que deux individus cristallins agrégés, mais la macle semble être développée dissymétriquement et possède un caractère monoclinique, sa section à travers la base donne un parallélogramme, les faces pyramidales sont aussi altérées.... Tous les deux individus sont ici visiblement raccourcis pour des raisons communes à toutes les macles de rotation.

Macles en croix de la topaze.

Les cristaux de la topaze sont très portés à former des macles en forme de croix, (staurolithe). Cela peut être observé par les empreintes [sur les cristaux], (Adoune-Tchilone, Brésil), par l'agglomération même, (Schneckenstein), et par les pénétrations, (Adoune-Tchilone). Hémitropie en croix, (Ouroulga).

. . . .

Le polychroïsme.

1. La couleur des minéraux polychroïques dépend des mélanges étrangers.

2. L'une des couleurs doit être regardée comme couleur principale; c'est celle qui appartient au principe colorant (c. à d. la couleur propre au minéral même), et qui est quelquefois la couleur de faces vue le plus souvent dans la

direction perpendiculaire à l'axe principal; l'autre couleur est celle de la polarisation, vue dans la direction de l'axe principal et qui n'a rien de commun avec le principe colorant. Ainsi, dans la topaze du Brésil la couleur principale est jaune de miel, qui dépend, comme on le suppose, de $Fe_2O_3H_2$; la seconde couleur est rose-violet. Pourtant, si nous calcinons la topaze jaune de miel, nous pouvons lui communiquer la couleur axiale, c. à d. jaune de lis. C'est aussi la couleur de quelques cristaux naturels de la topaze du Brésil. Ils se sont sûrement formés des cristaux jaune-de-miel sous l'influence d'une haute température. Quelle que soit la couleur de la topaze du Brésil, pourvu que l'on y remarque la moindre nuance jaune, cette couleur principale se voit avec une grande intensité au dichroscope; dans la topaze jaune de miel elle est orange; dans la jaune de lis elle est orange-rougeâtre. Dans les topazes de la Sibérie on voit rarement cette couleur et elle disparaît sous l'influence de la lumière, (Ouroulga); au dichroscope on ne peut guère l'apercevoir *.

La couleur principale des topazes de la Sibérie est bleue ou bleue-verdâtre. On la voit au dichroscope même dans les topazes incolores; de même dans les jauneâtres et les roses. C'est la couleur du principe colorant, dont la présence, même en quantité insignifiante, transforme l'absorption incolore en polychroïsme; voilà pourquoi on la nomme couleur *principale,*

---

* On attribue ordinairement la couleur jaune-de-miel de la topaze du Brésil au hydro-oxyde de fer, ce que Brewster rejette pourtant entièrement. L'analyse ne l'a pas prouvé; puis par suite de la calcination elle aurait dû prendre une couleur rouge et non rose avec une forte teinte violette. La transition du rose au violet est énigmatique et très instructive.

En examinant la topaze à la loupe dichroscopique nous voyons, pour la plupart, avec la couleur jaune-miel, la couleur jaune-lis, (dans les topazes du Brésil). Si nous ne la voyons pas du commencement, nous l'observons quelque temps après en tenant la topaze immédiatement dans la main et, par suite, la réchauffant légérement. Comme la topaze à cette chaleur se phosphorise, il s'ensuit que la couleur jaune-lis est pour ainsi dire phosphorique. Il est remarquable que l'on voit cette couleur au polariscope malgré la coloration de la topaze, même dans les topazes incolores des monts d'Ilmen.

comme cause génératrice du polychroïsme *. C'est la couleur chimique, propre au principe colorant. L'autre couleur,—violet de tons et de nuances diverses, — peut être nommée optique; elle dépend purement du caractère de polarisation de la topaze. C'est la couleur propre à toutes les différentes variétés de la topaze, quelles que soient ses teintes. Cette couleur peut être nommée la couleur propre à la topaze, car elle est constante pour toute l'espèce minérale et dépend de l'organisation du cristal de la topaze. A l'œil nu on la voit rarement, mais au dichroscope—toujours.

. . . .

L'astérisme. (Le corindon).

1. On aperçoit toujours sur la face P une étoile à trois rayons. Ces rayons coïncident avec les trois demi-axes latéraux du rhomboèdre et, par conséquent, se coupent sous l'angle de 120°. A la rotation du cristal les rayons conservent toujours la même position et les angles, formés par les rayons, ne changent non plus. La flamme se trouve dans le point d'intersection des rayons.

. . . .

2. Sur le plan naturel du clivage OP l'étoile est à six rayons. La position des rayons est la même, seulement, apparaîssant au nombre de six, ils se projettent dans les six demi-axes. Si nous orientons l'étoile par rapport au prisme, nous voyons que les rayons vont du centre du plan et se dirigent vers les arêtes du prisme, et non vers ses faces, comme dans les beryls. La flamme de la bougie coïncide avec le point d'intersection des rayons. A la rotation de la lame autour de l'axe principal les rayons de l'étoile tournent aussi et, de cette manière, restent dans la direction des axes latéraux du cristal.

. . . .

---

* Il y a encore une raison pour la compter couleur principale, mais j'en parlerai plus bas.

3. Le plan du clivage, étant poli, présente les mêmes phénomènes; l'étoile seulement est plus distincte et la flamme
de la bougie est hors du point d'intersection des rayons. A la
rotation de la lame autour de l'axe principal, l'image de la
flamme reste à la même place, quant à l'étoile, — elle se
meut, surquoi le point d'intersection des rayons décrit un
cercle autour de l'image de la flamme.

. . . .

Les agrégats (programme).

Agrégats: colloïdes, demi-cristallins, cristallins.
 1. Sphérolithes: a) dans un milieu homogène: les obsi-
 diennes, les scories, les verres.
 b) à l'état libre: la pierre calcaire de
 Carlsbad, le sphérosidérite, les cyanites.
 c) dans un milieu cristallin: la calcé-
 doine, l'opale.
 2. Pisolithes. Les sphérolithes et les stalactites *:
 a) la différence entre eux;
 b) les uns et les autres dans différents
 minéraux.
Systèmes amorphe et régulier: sel en pierre, analcime.
Systèmes quadratique et hexagonal: $CaOCO_2$, $FeOCO_2$,
 natrolite.

---

* Toute stalactite, même celle du système régulier, ne présente pas de
masse homogène, car à la suite des déplacements moléculaires il survient
dans la masse des perturbations et une inégale distribution dans l'élasticité
de l'éther; par conséquent, dès que les molécules cristallines se sont individualisées, c. à d. quand elle est passée à l'état demi-cristallin, elle doit
être biréfringente, même à système régulier, par suite de la forte pression
que les molécules exercent les unes sur les autres, et nous offre une espèce
de verres comprimés. Les sphérolithes $CaOCO_2$ de Corliabodi sont quelquefois tout-à-fait ronds et conservent cette forme du commencement à la
fin; quelquefois ils sont polygonales ou le deviennent ensuite; enfin quelquefois les polygonales se transforment en ronds.

8

Les autres systèmes: la malachite, le bleu d'azur, la galmei ($ZnOSiO_2$), la prehnite.

. . . .

Les spérolithes à la structure cristalline sont concentriques ou excentriques. Leur formation est de deux genres: indépendante ou dépendante. Dans le premier [cas] la substance amorphe prend premièrement sa forme, puis suit la structure, qui correspond à la forme: la calcite de Corliabodi; dans le second — c'est le contraire; mais les propriétés optiques sont particulières.

. . . .

Sur la structure des cristaux.

Dans le système rhombique la disposition des molécules est diagonale.

Dans le système quadratique et l'hexagonal — elle est normale.

. . . .

Le prisme normal n'est pas propre aux cristaux, ce qui peut être prouvé par les considérations théoriques et l'observation: dans les cristaux particulièrement énergiques les faces qui limitent le prisme sont rarement conformes à ce nom; elles sont ordinairement convexes; donc elles ne forment pas des plans, mais des surfaces curvilignes.

Les couches de l'enveloppe sont parallèles aux faces de la kP, ce qui se voit:

a) du nombre complet des couches à l'extrémité supérieure et à l'inférieure du cristal;

b) de la mesure des angles dièdres;

c) des propriétés optiques: les coupes de l'enveloppe sont homogènes.

. . . .

Un nombre pair de pyramides supplémentaires donne le groupe holoédrique, un nombre impair — l'hémièdrique.

kP — cryptopyra- mide (krp)	holoèdrique........ aa, cc,	aa, ff,
	hémièdrique .... aa, $cc_{,,}$	aa, dd,
krp — supplémen- taire	directe............ aa, bb,	cc, $dd_{,,}$
	inverse .... bb, cc,	dd, ff,

krp — primitive { b a c, d a f latérales, c a d centrale,
fig. 32, 33.

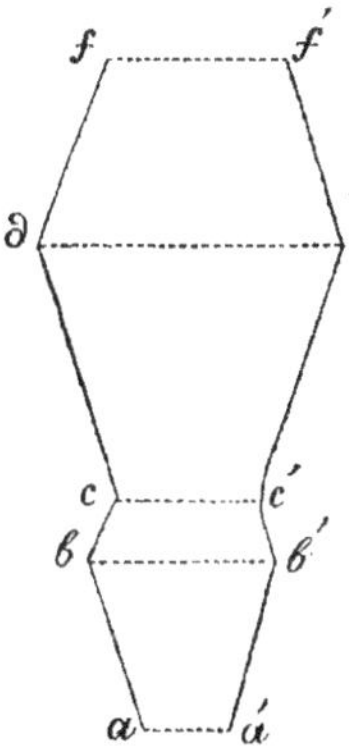

Fig. 33.

Fig. 32.

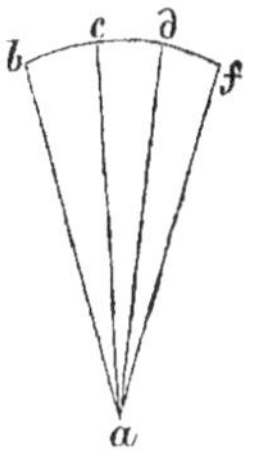

. . . .

Le subindividu d'un ordre supérieur détermine la forme de la kP qui ensuite dirige le cristal entier. Si le subindividu est hémiedrique, les formes qu'il engendre, comme celles de l'autocristal, sont aussi hémièdriques; si la kP n'a atteint que la moitié de son développement, le cristal doit être hémimorphe et à électricité polaire. Par conséquent l'hémimorphisme dépend non de la forme de la molécule, mais du développement de la cryptopyramide. Les cristaux, implantés par l'une des extrémités dans la roche, doivent être examinés comme des cristaux hémimorphes, ce qui est aussi prouvé par l'électricité des cristaux, (la vésuvienne, la topaze). Le caractère de l'électricité de l'extrémité libre dépend de la position de la demi-pyramide, c. à d. de l'extrémité par laquelle elle tient à la roche, est-ce par la base ou le sommet.

8*

Explication des dessins qui suivent.

34. Spath calcaire d'Andreasberg.

35. Dans le cristal à colonne écourtée les deux pyramides réticulaires sont développées presque également.

36. Preuve que deux pyramides se touchent par le sommet. Taches sombres qui diminuent peu à peu en grandeur.

37. 1) Pyramides réticulaires. Exemplaire commode pour la section basique.
    Quand deux pyramides se touchent par le sommet les stries latérales *a*, *b*, *c*, suivent la même direction.
    2) Pyramides incomplètes·

38. Cryptopyramide extérieure en saillie à la forme d'une tiare.

39. Deux pyramides l'une à côté de l'autre dans un même prisme (dans la macle)

40. Disposition oblique de la pyramide.

41. Deux pyramides, — l'une au centre, l'autre de côté.

42. 43. 44. Développement complet de deux pyramides et duplicité de la pyramide supérieure. Elargissement de la pyramide supérieure ainsi que de l'inférieure.

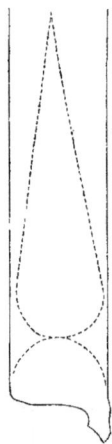

Fig. 34.

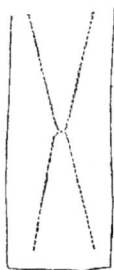

Fig. 35.

Fig. 38.

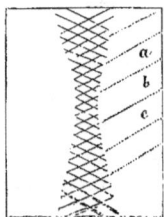

1)

2)

Fig. 37.

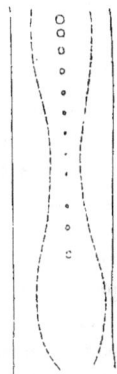

Fig. 36.

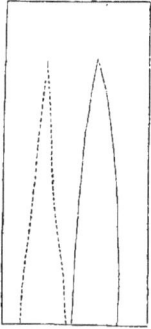

Eig. 39.

Eig. 40.

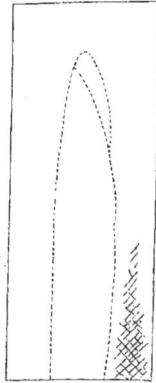

Fig. 41.

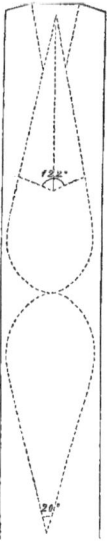

Fig. 42.

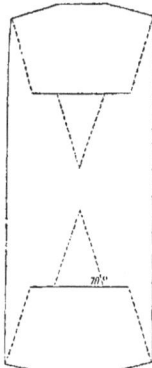

Fig. 43.

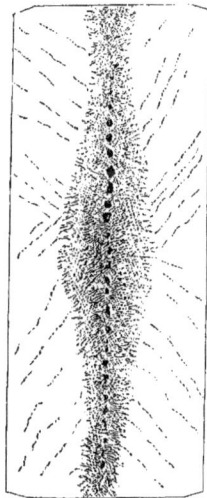

Fig. 44.

APPENDICE.

Explication des préparations et des cristaux de la collection, servant de préparations.

Les beryls.

1. La cryptopyramide est déplacée vers le côté. On la voit toute entière. L'enveloppe est graduée. Dichroïsme. On ne voit qu'à l'une des extrémités le noyau et l'enveloppe. On voit distinctement les stries, et elles prouvent la disposition dissymétrique de la cryptopyramide. Sur la face du moindre contour du noyau on voit distinctement au centre une étoile à 6 rayons, dirigés vers les angles du contour. (Noyau 5,6. Enveloppe 1,6—7,8; largeur du cristal entier=15). Sur le grand contour on voit une grande étoile dans la même position.

Astérisme. Dans les rayons trasmis à travers OP — étoile à six rayons.

2. Magnifique préparation pour le microscope polarisant. Enveloppe complexe, mais symétrique, ce qui se voit dans la coupe perpendiculaire et parallèle. Stries distinctes et compliquées. Section du noyau $^{80}/_{100}$. Entre $N \perp N$ on voit, presque au centre du cristal, un parallélogramme noir-bleuâtre, esquissé indistinctement; il en ressort 4 raies noires brisées, fig. 45. L'une des faces ∞P est surtout unie; elle appartient à la kP, car il n'y a pas d'enveloppe autour d'elle.

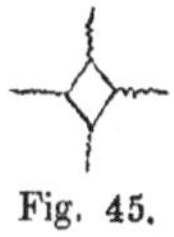

Fig. 45.

3. On voit le noyau et l'enveloppe dans la coupe perpendiculaire et parallèle; il faut polir pour voir à travers la dernière. Convenable pour les coupes diagonales et normales Noyau dissymétrique.

$$63 : 78 :$$
$$64 : 80 = 4 : 5.$$

4. Cryptopyramide découverte. Str. distinc. Enveloppe mince, mais nette. Extrémités différentes; dans le max. 39 et 43, (goniom.). Stries extérieures sur l'une des faces, qui doit appartenir à la kP.

5. Noyau et enveloppe distinctes; convenable pour les coupes diagonales et normales. Fendre le long de la fissure et examiner l'enveloppe par rapport à ses propriétés optiques et électriques; sa structure; la corroder. De la seconde moitié préparer une coupe *normale*.

6. Enveloppe à peine visible; str. distinc., mais il faut polir la face (pour le polariscope). Les stries forment une ligne sinueuse et tranchée. Essayer au goniomètre. Réseau intérieur.

7. (Pour le polariscope). La pyramide est découverte sur ses deux faces. (Dichroïsme). L'enveloppe descend sur la kP graduellement, fig. 46. Goniomètre.

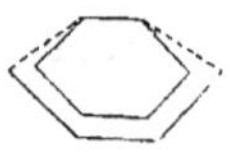

Fig. 46.

8. *Asterisme* sur la face polie OP à la lumière réfléchie; cela prouve que la réflexion a lieu à une certaine profondeur; donc c'est la même chose que dans le corindon. Ici l'étoile réfléchie semble orientée autrement, savoir, ses rayons coïncident avec les diagonales de OP.

9. Voies en spirale; les extrémités sont inégales. En haut presque toute la pyramide est découverte, en bas on voit le commencement de l'enveloppe. Les stries ne sont distinctes que par endroits. (Pour le goniomètre). Déterminer l'angle de division des spirales. Deux systèmes de voies extérieures, opposées, en spirale. Trouver leur rapport. Ce n'est qu'à travers une seule face que l'on aperçoit des canaux lactés, rassemblés en pyramide, à la lumière réfléchie; fissure pyram. remarquable qui présente le même aspect que le beryl calciné, № 82.

10. Enveloppe et str. distinc. Les bouts du cr. sont presque égaux, mais les dimensions de la pyr. ne le sont pas. Rapport exter. bas.: 0,55 : 0,78.

long. du crist.=12, 52. *Section normale.*

11. Remarquable exter. du cr.; pyramid. réal. Structure inté-rieure et cause des stries dévoilées. $\left.\begin{array}{c}53\\81\end{array}\right\}$ div.

12. Les bouts du cr. ne sont pas égaux. (Pour le gonio-mètre). Pyramide lactée, composée de canaux; elle se voit à travers toutes les faces, quand la réflexion intérieure est com-plète. La kP se dévoile par deux faces. (Goniomètre). A l'une des extrémités l'enveloppe est double, à l'autre—simple.

13. (Lame normale). Le cont. de l'enveloppe est un he-xagone rég., net dans ses détails, avec une raie sombre de démarcation et des triangles saillants dans les angles. Stries. *Astérisme.* A travers OP, à la lumière transmise, magnifique étoile à six rayons.

14. (Lame normale). On ne remarque pas de stries.

15. Pyramide dévoilée par une face. (Goniomètre).

16. On ne voit pas l'enveloppe, mais les stries intérieures attestent sa présence. (Goniom.) (Après avoir mesuré, pré-parer une lame).

17. Dévoilement angulaire de la **pyram.** (Goniom.) Dis-symet. du crist. trapézoïd. L'enveloppe est entrecoupée sur la partie pyramidale. Mesurer l'angle le plus obtus et, au possible, l'angle de la pyramide, qui projetée sur OP=124°.

18. La meilleure préparation pour le goniom. Deux faces de la kP sont découvertes. Ses modifications se laissent re-marquer par les stries et les gradations.

19. (Goniomètre). Mesurer le même angle en différents en-droits. En abaissant la lunette du microscope nous voyons une face hexag. de la pyram. avec un dessin hexag. et beau-coup d'étoiles; si nous la baissons encore, nous ne voyons qu'une grande étoile aux rayons plumeux. L'une des faces est naturelle.

20. Les stries montrent parfaitement la dissym. du noyau, dont une partie ressort en dehors (Goniom.). Rapport du diam. de la pyr. 60:82; hauteur du cr. 16,25.

21. La pyram. ressort en dehors. Les bouts du cr. sont différents (Goniom.).

22. (Goniom.). Les stries et le manque du contour de l'enveloppe démontrent la pyram. La dislocation de la croix donne l'angle 10—12° et 16° (à travers la face artificielle OP).

23. On voit nettement la différence dans la structure du bout supérieur et de l'inférieur du cristal. Belle préparation. Stries simples.

$$\text{Rapport du diam. du noyau} = \frac{6,5}{4,8} \left\{ \begin{array}{l} \text{Double noyau marqué} \\ \text{par une ligne sinueuse} \end{array} \right.$$

de l'envel. 1,5 et 0,9 = 8,9.

2,5 » 1,6 = 8,9.

Astérisme. Etoile à six rayons à travers OP.

24. Disposition en spirale des cristaux sur le beryl. On voit parfaitement les stries. Un bout est plus étroit que l'autre de 0,07 mm.; la longueur du cristal entier étant de 19 mm. le rapport est n:c = 7:1900; (si 0,06:18; 6:1800 = 1:300 = n:c). (Goniomètre).

25. La pyramide ressort en spirale sur trois faces à la base du cristal. ≿ Remarque: la spirale se trouve toujours sur la partie du cristal qui adhère à la roche; par là on peut reconnaître la partie supérieure et l'inférieure du cristal, si le sommet manque. ≿ (Goniom.).

26. Enveloppe. Stries remarquables, qui se coupent sous un angle très aiguë. Structure particul. complex. de l'enveloppe.

27. Différent. inclusions. On voit le contour parfaitement. *Astérisme* sur le clivage. Stries. Enveloppe distinctement dichroïque: bleue et rosâtre. Tout le cristal est dichroïque. C'est remarquable. Rapport du plus petit diamètre du noyau 5:8,2. $NN\perp$. Un carré aussi.

Etoile à 6 rayons sur *OP* à la lumière transmise et réfléchie, comme sur les faces du clivage, de même sur les faces polies.

28. Magnifique contour de l'enveloppe, très compliqué mais dissymétrique. A l'autre bout, sur la face *naturelle oP* on ne voit pas d'enveloppe.

29. Arêtes en saillies. Petite pyramide vicinale agrégée. (Goniom.). Les saillies s'alternent et se suivent dans la même direction, fig. 47. Inclusions à une certaine profondeur.

Fig. 47.

30. (Goniom.). Le contour, les stries. Saillie de l'arête. Angles inégaux du contour extérieur. On voit à travers la face polie *OP*, dans les rayons transmis et réfléchis, une étoile à 6 rayons.

31. (Goniom.) Pyramide distincte avec un magnifique contour de l'enveloppe, et des stries. Dimension du noyau, fig. 48 $\frac{n^e}{n^{ii}} = \frac{45}{37}$ mm. Le cristal est composé de plusieurs individus, ce qui est démontré par les fissures intérieures.

Fig. 48.

32. (Goniom.). Contour et stries.

33. (Goniom.). Les bouts du cristal sont différents.

34. (Goniom.). Les bouts sont différents. Cristal complexe. Contour. Le cristal est composé de 4 individus, ce qui se voit par les fissures intérieures, fig. 49.

sup.   inf.

a c   40   ) 45

a b = 55 m. m.) 60 m. n.

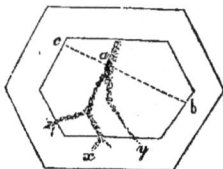

x et y sout marqués d'une manière tranchée.

Fig. 49.

35. Contour magnifique. Stries non distin., car les faces sont sillonnées. La cryptopyramide ressort par une face. Polir la face. La partie centrale est bigarrée de petites étoiles he xagones. *Astér.* On voit à travers OP dans les rayons transmis une étoile à 6 rayons. $NN\perp$.

36. Magnifique contour et stries. L'enveloppe est séparée du noyau. Les saillies expliquent comment les voies hélicoïdes intérieures se sont formées. Deux systèmes de stries sur une face.

37. *Astérisme* aux deux bouts à la lumière réfléchie: étoile à 6 rayons.

38. Cassure convexe. Str. distinc. Fissures remarquables (pyramidales, d'un sphérolithe applati.). Au bout non poli l'enveloppe est marquée par le clivage parfait de OP, le noyau—par une cassure conchoïdale. La fissure correspond à la cassure.

39. Magnifique contour compliqué de l'enveloppe. Commode pour la mesure de la pyramide. Il faut en tailler des lames. Le noyau est bleuâtre, l'enveloppe—rosâtre.

40. D'un bout le contour est très compliqué, de l'autre— on ne le voit pas du tout. Le contour du cristal entier est irrégulier. Les stries se voient faiblement à cause des inégalités des faces. Empâter par le baume de Canada et regarder à travers la partie dissymétrique du cristal; après cela polir et examiner derechef.

41. Contour très compliqué. Une face de la, kP est découverte et l'on y voit des stries et un bord dentelé. On voit à travers OP la division du cristal en 4 parties par des faces, qui, de même que les étoiles, peuvent être examinées à la loupe.

42. Magnifique préparation pour démontrer la structure de l'enveloppe et ses différentes dimensions sur les deux bouts opposés du cristal. Rapport de l'épaisseur de l'enveloppe aux deux bouts opposés: $19:38$ c. à d. $1:2$; la hauteur du cristal étant

1500 cela donne $'\alpha=178°$; $\beta=$ $17:22$,

$1:2:100$. $15:30$,

Astérisme: Dans les rayons transmis à travers OP - étoile à 6 rayons.

43.

44 Les deux bouts du cristal sont différents (?). La pyramide ressort en rhombe. Principalement pour le goniom.

45. Contour du cristal en trapez. Petite enveloppe. Section normale.

46. (Monts Sémenovsky, chaîne de Borchtschewsk, montagne de Nertschinsk). Aspect pyramid. remarq. du champ. Voie hélicoïde à l'intérieur; la kP est découverte en bas. Parties brillantes et mates du champ des faces du cristal. Stries extérieures et intérieures.

47. (Mont Touloupovsk de la chaîne de Borchtschewsk. Montagnes de Nertschinsk). Magnifiques stries. Tailler une lame parallèle à ∞P pour observer les stries (leur caractère optique).

48. (Mont. Nertschinsk). Magnifiques stries.

48 a. Idem. La ligne hélicoïde de la surface traverse 4 faces.

49. Stries dentelées.

50. On voit le noyau et l'enveloppe. Canaux intérieurs.

51. Noyau et enveloppe. Canaux intérieurs.

52. Réseau pyramidal à l'intérieur. Noyau verdâtre, enveloppe jaune. Le noyau saille en forme de tubercule sur le clivage basique.

53. Noyau et enveloppe colorés différemment. 3 faces de la pyramide sont découvertes; préparation très convenable pour le goniom. et le polariscope. Cavités sur les faces. Enorme différence entre les bouts du cristal.

54. Réseau intérieur pyramid.; on voit à travers l'une des faces ∞P le dessin *a*, fig. 50; la face voisine présente le dessin caractéristique b. Mêmes dessins sur ∞P. Le champ, sur lequel est disposé le réseau est blanc, les endroits sans réseau sont jaunes. Le dessin *b* est analogue à celui du № 127.

55. Béryl pierreux (хрящевикъ). Cristal pyram. Pyramide intérieure bien développée.

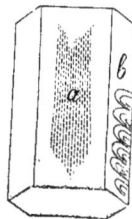

Fig. 50.

56. Pyramide à nœuds. La surface des pyramides qui se répétent est arrondie. Pyramide à grains de chapelet. (Voir les beryls calcinés).

57. Pyramide intérieure à l'aspect trouble, lactée. Bonne préparation. Un examen attentif fait voir la pyramide lactée sous forme d'une hélice plumeuse. 3.3 H.

58. Voie hélicoïde extérieure sur la face pyramidale. Stries disposées obliquement.

59. Noyau et enveloppe. Canal intérieur. Enorme différence entre l'extrémité supérieure et l'inférieure du noyau.

60. Stries.

61. Réseau en pores.

62. Division en secteurs. Pyramide inter. Spirale dans la face OP, fig. 51. Les faces ∞P ont l'aspect chiffonnées. Goniom.

Fig. 51.

63. Pyramide intérieure à nœuds; elle paraît consister en globulites applatis, fig. 52. Stries transversales remarquables sur l'une des faces du cristal.

64. Groupe pyramidal de cristaux du beryl.

65. *Pyramide intérieure plumeuse.*

66. Voie intérieure hélicoïde. Macle. Goniom.

67. Pyramide intérieure et ailes. Prisme en forme d'enveloppe autour de la pyramide. (Goniom.). Là où est l'enveloppe la différence est 36 : 48 à portée de 12 mm.

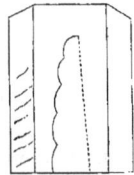
Fig. 52.

68. Macle. Preuves à l'appui du parallélisme des couches de l'enveloppe, qui recouvrent le noyau pyramidal. Goniom. Déterminer l'angle du noyau et de l'enveloppe. La différence entre les bouts du cristal est de 0,15 mm à la portée de 1 cent. Dessins d'hexagones sur OP.

69. Béryl pierreux (хрящевикъ) pyramidal. Cavités rhombiques et autres sur les faces.

Astérisme. Magnifique étoile à 6 rayons sur $\backsim P$ dans les rayons réfléchis et transmis, fig. 53.

Fig. 53

70. Béryl pyramidal (хрящевикъ).

71. Cristal avec un bord détaché pyramidalement.

72. Béryl (хрящевикъ) à voies hélicoïdes.

72a. Idem.

73. Enveloppe très compliquée et dissymétrique. Exemplaire commode pour le microscope polarisant.

74. On voit parfaitement la cryptopyramide par la différence des bases. Preuve à l'appui de ce que le noyau peut consister en pyramides, dont chacune possède son noyau et son enveloppe.

76. Grand cristal convenable pour des préparations pour le conoscope et le microscope. Noyau et enveloppe. Différence dans les dimensions.

77. Idem. Noyau vert, enveloppe jaune.

78. Pareil au № 76.

79. Différence dans l'enveloppe. Fraction du noyau.

* **80.** Cristal entier; stries transversales très distinctes. Tailler une lame parallèle à $\backsim P$.

81. Stries transversales; commode pour des préparations. *Pyramide trouble inter*, composée de canaux très minces; avec ailes minces latérales, fig. 54; pyr. découv. Les parois formés de canaux apparaîssent quelquefois dans le cristal à la suite de différentes perturbations et sont des fissures dans la direction du minimum de cohésion. De cette pyramide, composée de canaux, ressortent des deux côtés des stries, qui s'inclinent sous les mêmes angles.

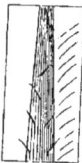

Fig. 54.

82. Preuve de l'aptitude à se diviser en long selon la section diagonale. Noyau uni, enveloppe rugueuse.

---

* Les cristaux №№ 80—90 ont soufferts certaines modifications lors de l'incendie du magazin de pierres précieuses de Lagoutiaew à Ekaterinenbourg.

83. Noyaux qui se suivent, polygon., partagés par des intervalles et disposés sur le plan axial du clivage parfait.

85. Aptitude à se partager en 3 parties, ce qui prouve qu'ici 3 pyramides se touchent par leurs faces. (Mesurer les angles et déterminer les propriétés optiques).

86. Voie hélicoïde.

87. Polir les bouts du cristal et examiner l'influence qu'aura exercé la haute température sur la structure du beryl.

88. kP qui ressort par trois faces. *Goniomètre.* Contour et enveloppe.

91. *Astérisme.* Magnifique exemple d'une étoile aux contours diffus sur ∞P, fig. 55, et sa transformation en étoile à 4 rayons.

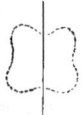

93. Noyau vert, enveloppe jaune. Cristal dissymétrique. Structure distincte de l'enveloppe.

Fig. 55.

94. Cassure convexe d'un côté, de l'autre — concave; convexité sur le noyau, sur l'enveloppe—face plane.

95. Convexité et concavité des deux côtés. Canaux droits autour de l'arête.

96. Remarquables dessins hexagones à la surface de la cassure. Dessins sur ∞P aussi.

97. Grand cristal. On voit la structure du noyau et de l'enveloppe.

98.

99. La pyramide ressort par deux faces avec des stries caractéristiques.

100. Etoile à 6 rayons sur OP; étoile semblable sur la surface de la cassure ∞P.

101. Idem. En général toutes les branches de l'étoile sur OP sont également développées et dirigées perpendiculairement à ∞P. Les branches sur ∞P ne sont pas égales: la plus longue est perpendiculaire aux stries principales du prisme, les autres sont inclinées sous l'angle de 60°, et quelquefois elles sont à peine visibles. Sous un certain angle d'incidence les branches latérales se confondent presque et l'étoile se transforme en croix à 4 branches.

102. Magnifiques étoiles sur OP et ∞P.

Tous ces trois exemplaires nous montrent au centre de l'étoile plusieurs tâches rondes réunies.

104. On voit la cryptopyramide. *Astérisme* insignifiant; stries remarquables sur les pyramides. Découper une lame perpendiculaire à l'axe pour l'angle des axes optique. Déterminer la répartition de l'électricité à la surface des pyramides.

105. Idem.

106. Rien de particulier.

107. Fissure pyram. dans le noyau.

108. (Koukousirken, chaîne d'Opone). Sur ∞P les branches courtes forment deux éventails des deux côtés d'une longue bande. Spécification particulière de la kP. Mesurer avec le goniomètre.

109. (Moursinka). Elargissement du rayon principal et transformation des rayons latéraux en forme d'éventail. Dans les rayons transmis— étoile bisymétrique à 6 rayons, de même qu'à la lumière réfléchie sur ∞P. Le prisme (kP) est borné par 5 faces à dessins remarquables. Cavité de l'arête. kP jaune, enserrée par une enveloppe rose. Reflet remarquable au contour pyramidal.; intérieur plumeux et hélicoïde. Spécification des parties de l'enveloppe en forme de pointes pyramid. et arêtes caves.

110. (Moursinka).

111. (Portland, Conect.).

112. (Bodenmais).

113. (Nertsch.). A la surface de la cassure—étoile à larges branches et sans tâche claire.

114. (Moursinka). A la lumière réfléchie et transversale on voit à travers ∞P une magnifique étoile à 6 et 8 rayons. A la surface de la cassure — étoile symétrique à 8 rayons. Parois d'une pyramide tronquée, à noeuds, fig. 56. Beryl pierreux (хрящевикъ) au sommet dentelé. Cavités carrées sur les faces. Goniomètre.

Fig. 56.

115. (Nertsch.) Inégalités sur les faces. Explication des stries. Contour et enveloppe au bout engagé du cristal. Dessins d'hexagones sur OP. Fissur. qui s'interrom. et coup. seulement l'enveloppe.

116. (Nertsch.). A la lumière réfléchie et transmise on voit sur ∞P une étoile à six rayons aux branches élargies, à la suite de quoi elle se transforme en étoile à quatre rayons, si l'œil de l'observateur est dans une certaine position. Le cristal est développé aux deux bouts. Noyau et enveloppe qui l'entoure. Inégalités des faces. Cavités carrées horizont., distinctement tracées et arrondies.

117. (Nertsch.). Magnifique étoile à six rayons, à la lumière transmise à travers OP. Noyau et enveloppe sur le côté poli.

118. (Nertsch.). Canaux intérieurs. kP qui ressort en hélice. Dessin sur OP conforme à la kP qui ressort. Division de OP en trois parties; le point de division n'est pas au centre de OP, mais transposé vers le côté et correspond au centre de la kP, qui ressort par une arête; mesurer cette dernière.

119. (Nertsch.). Etoile à six rayons à la lumière réfléchie et transmise sur ∞P. Dessin léger, mais distinct sur oP: hexagones concentriques et division de la face par des lignes radiales, fig. 57.

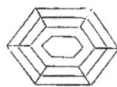

Fig. 57.

120. (Ad. Tsch. Obw. B. 2645 C.). Cristal développé aux deux bouts. La cryptopyramide intérieure, en hélice, est cave.

121. (2620 c. Ad.-Tsch., Nertschinsk). Trois faces du cristal sont bien développées; les autres présentent une surface arrondie. kP découverte en quelques endroits. Mesurer les angles dans ces endroits. Dessins remarquables sur les faces unies et rugueuses. Dessins d'hexagones sur oP et cavités à la suite des petits cristaux implantés.

122. (Moursinka). *Stries* remarquables à l'intérieur et à la surface. Le miroir doit être posé exactement. Se garantir des rayons supérieurs par un écran. La meilleure préparation pour les stries. On peut représenter tout un tableau. Se servir de l'occul. de Hartn № 3, Ob 1 et 2.

123. (Moursinka). Macle. Goniomètre. Dessins remarquables sur les faces.

124. (2647 c.). Sillons extérieurs. Cristal à l'aspect de grains de chapelet. Magnifique *astérisme* avec ramification du rayon principal sur ∞P.

125. (Moursinka). Bouts du cristal inégaux. Goniomètre.

126. (Nertschinsk). Cristal à caractère rhomboèdrique. Dessins sur les faces ∞P.

127. Dessin coloré à la face. (Moursinka, crist. incolore). Goniom. Bouts du cristal inégaux.

128. Grande différence dans les dimensions du noyau (Polir). *Astér.* étoilé et cercl. par.

129. (Moursinka). Pour *une section normale.*

130. Noyau et enveloppe.

131. Sans enveloppe. Goniomètre.

132. Pour la démonstration. Noyau complexe et enveloppe.

133. (Nertschinsk). kP apparente à la base.

134. (Nertschinsk). Type rhombique du cristal. Ses stries méritent une attention particulière. *Astéris. remarquable.* On ne voit pas le rayon principal; les rayons latéraux forment une sorte d'éventail.

135. Emeraude. Goniom. Dessins sur les faces.

136. (Nertschinsk). Goniom. Dessins sur les faces ∞P et OP.

137. (Nertschinsk). *Goniom.* Voie hélicoïde.

138. (Nertschinsk). Noyau et enveloppe. Particul. de la face ∞P (Goniom.).

139. 140. (Nertsch.). Idem.

141. (Nertsch.). Stries. Saillies carrées en forme de tubercules, assemblées par rangés. Polir une section normale et une diagonale.

142. (Nertsch.). *Section normale.*

143. (Moursinka).

144. (Moursinka). Noyau sans contour distinct.

145. (Moursinka). Goniom. Faces compliquées.

146. (Moursinka). *kP* dévoilée. Goniom.

147a, 147b, 147c. Tous les trois appartiennent au même cristal pour des observations comparatives. Grand noyau, petite enveloppe.

148a, 148b. Pareils aux précédents.

149. Fissure pyramid.

150. Cavités verticales rhomb. à la face et stries à la surface. Cavité des arêtes. Déterminer à l'aide du goniomètre la valeur des faces aux cavités rhomb.

151. Stries.

152. Cavités vertical. rhomb. sur les faces. Béryl pierreux (хрящевикъ). *Astérisme* remarquable.

153. (Moursinka). Groupe remarquable qui nous donne une idée des pyramides latérales, de la cavité des arêtes et de la spécification des pans des pyramides. Arrondissement des arêtes et cavités remarquables aux faces. Caractère pierreux (хрящевиковый).

154. Voie extérieure hélicoïde sur quatre faces: 3—d'un système et 1—d'un autre système.

155. Enveloppe très complexe.

156. Pour la démonstration. On voit parfaitement la différence entre les extrémités de la *kP*. De côté on voit la pyramide même, avec des stries caractéristiques. 3 morceaux qui se suivent successivement.

157. kP découverte. Goniom.

158. Division de la face OP en trois champs. *Astérisme* sur cette face—étoile à 6 rayons sur ∞P; les latéraux sont en forme d'éventail. Empreintes de crist. étrang. sur oP.

159. (Nertschinsk). *Dessin remarquable* sur ∞P.
Astérisme sur ∞P: le rayon principal n'est pas apparent, les latéraux forment sur le plan du clivage la fig. 58.

160. (Moursinka). Pyramide intérieure et fissure composées de vésicules.

161. (Nertschinsk). Dessin sur ∞P. *Astérisme* dans les rayons transmis à travers ∞P.

162. (Moursinka). Béryl pierreux (хрящевикъ). Spécification particulière de la kP.

164. Forme des inégalités—transition des formes arrondies en polygonales. *Astér.* On aperçoit sur ∞P une étoile à 6 rayons, qui se rétrécissent à mesure de l'éloignement de la flamme.

168. (Moursinka). Cristal pénétré d'aiguilles de tourmaline.

169. (Adoune-Tschilone).

170. 171. (Chaine d'Altangine. Mont. Nertschinsk).

172. (Moursinka).

173. 174. (Adoune-Tschilone).

175. (Moursinka).

176. (Moursinka). Inclusions: tourmaline à l'intérieur et à la surface. Autres inclusions.

177. Pyramide plumeuse inter. Pyramide de second genre ($2P2$), qui apparaît en forme de lamelles particularisées. Pores intérieurs.

178. 179. Pyramide intérieure plumeuse.

180. Pyramide intérieure plumeuse; le cristal entier est pyramidal (Goniom.).

181. (Mokroucha). Cristal verdâtre. Noyau vert, enveloppe jaune, indistincte. C'est par la raison que le foyer repose assez profondément et l'on voit les ailes de propagation teints en vert, fig. 59, et à la suite de la forme pyramidale du noyau et de la longueur du cristal.

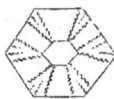

Fig. 59.

182. Noyau et enveloppe parfaitement développés. *Section normale.*

183. (Mokroucha). Jaune. Couleur inégale. Cavités sur les faces. Stries bien développées. Tailler une lame perpendiculaire à *c* et prendre la section normale. Ligne de démarcation remarquable, sinueuse comme dans le cristal № 122.

184. On voit parfaitement le noyau et l'enveloppe (compl.). Stries extérieures. On voit faiblement une pyramide lactée.

185. Enveloppe verdâtre, noyau rougeâtre. Traces de spirale intérieure.

186. Cristal composé de pyramides. Stries caractéristiques à la surface. Il est à remarquer qu'elles n'appartiennent qu'à quelques pyramides de ce groupe. *Mesurer un angle avec le goniomètre.*

187. Accroissement du cristal parallèlement aux stries, fig. 60.

188. (Moursinka). Entièrement pénétré de canaux. Stries profondes sur ∞P.

Fig. 60.

189. (Moursinka). Stries. Le caractère de la cavité des arêtes montre que le prisme est composé de pyramides, fig. 60.

190. Arêtes caves du prisme. Surfaces grossières de la pyramide de second genre (dimension de deux genres $nP2$ et $xnP2$) *.

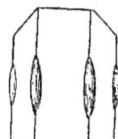

Fig. 61.

---

* Les recherches du professeur ne se bornaient pas aux béryls décrits; il y en a plus de 300 qui lui ont servis pendant ses observations; près de 400 tourmalines, 270 topazes et beaucoup d'autres cristaux différents, qui

Les tourmalines.

1. Définit. *de l'angle* de la kP. Manifestation de la kP par 4 faces. Ici ce n'est pas la kP, mais ∞P. $\dfrac{\infty P}{2}$. ∞P. Ils se trouvent tous dans une même zône.

2. Définit. *de l'angle* de la kP, fig. 62. kP découverte par 3 faces. $kP\ldots 123^{\circ}$. $kP:\dfrac{P}{2}\ldots 150^{\circ}$.

$\dfrac{P}{2}$ ne se trouve pas dans la même zône que la kP.

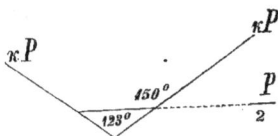

Fig. 62.

3. Défin. de l'angle de la kP. Dessins remarquables sur la kP. La kP est découverte par un angle. Définit. de l'angle de la $kP=123^{\circ}$ à peu près.

4. Définit. de l'angle de la kP. Dessins remarquables sur la kP. La kP est découverte par un angle. Dessins remarquables sur la face de la kP.

5. kP découverte.

6. Cristal à extrémités différentes. Préparer une lame longitudinale.

7. Défin. l'angle $\infty P : OP$. Dessin sur OP. Lame $\parallel$ à OP.
$$\infty P : \infty P;$$

8. Exemplaire commode pour le goniom. R et $R : \infty P$.

La cryptopyramide dans la Vésuvienne (v).

Piémont.

v. **1.** Grand cristal. Les plans d'accroissement sont dévoilés à la partie inférieure du cristal conformément à la kP.

7. Stries intérieures.

---

tous ensemble forment la collection qui sert de témoin aux faits émis dans ces notes. *Red.*

Vilui:

2 et **3**. Dessins particuliers sur la face ∞P, fig. 63.

4 et **5**. Dessins sur la même face et sillons longitudinaux.

Vésuve:

6. Dessins de macles et cristaux accolés en spirale.

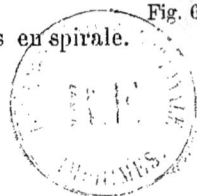

Fig. 63.

ERRATA.

Page:	ligne;	au lieu de:	lisez:
3,	23;	mâcles,	macles.
4,	25;	Folger,	Holger.
17,	2;	cristallinds,	cristallines.
19,	5;	observées,	observés.
23,	12;	sphérolite,	sphérolithe.
26,	25;	colorée,	colorés.
27,	10;	extericurs,	extérieurs.
38,	23;	dégré,	degré.
39,	19;	possèder,	posséder.
42,	25;	remaquables,	remarquables.
52,	32;	Réval,	Rével.
79,	33;	globulithes,	globulites.
89,	8;	symmétrique,	symétrique.
94,	25;	pollissage,	polissage.
—	29;	pollisage,	polissage.
95,	33;	le,	la.
102,	24:	extre'mités,	extrémités.
—	31;	élliptiques,	elliptiques.
106,	11;	mâcles,	macles.
—	26;	n'éxistent,	n'existent.

Taf. 1.

0.-1.
A.-1.   B.-1.

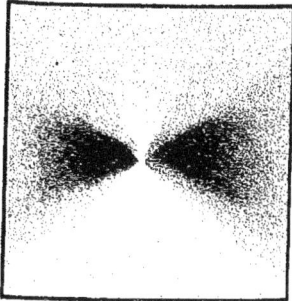

0.-2.
B.-2.

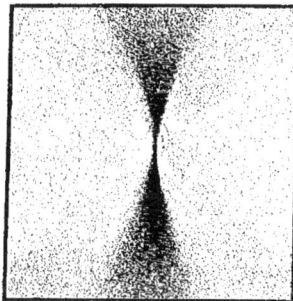

A.-2.

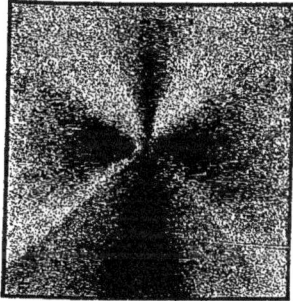

B.-3.

C.-1.

C.-2.

D.-1.

D.-2.

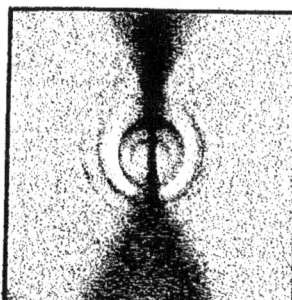

Taf. 2.

E.-1.

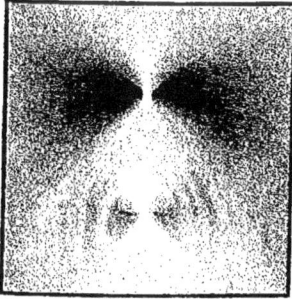

E.-2.

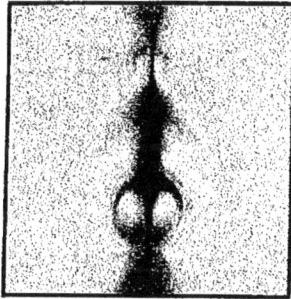

F.-1.

G.-1.

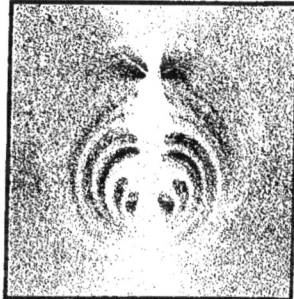

F.-2.

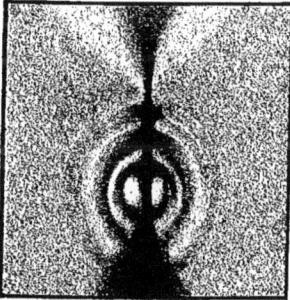

G.-2.

F.-3.

G.-3.

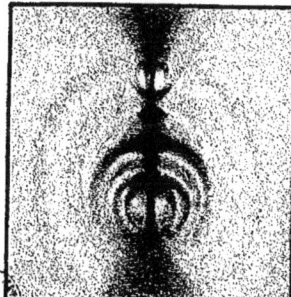

Taf. 3.

H.-1.

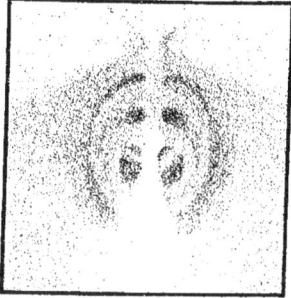

H.-2.

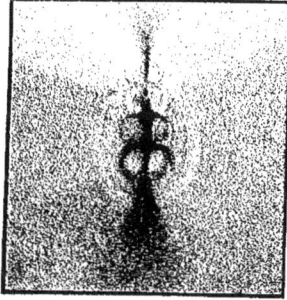

I.-1.

I.-2.

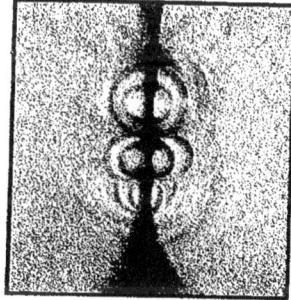

J.-1.

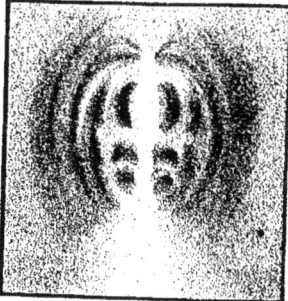

J.-2.

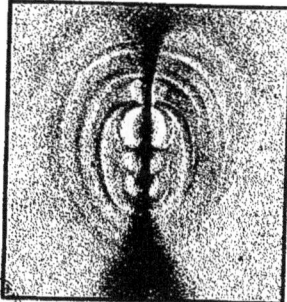

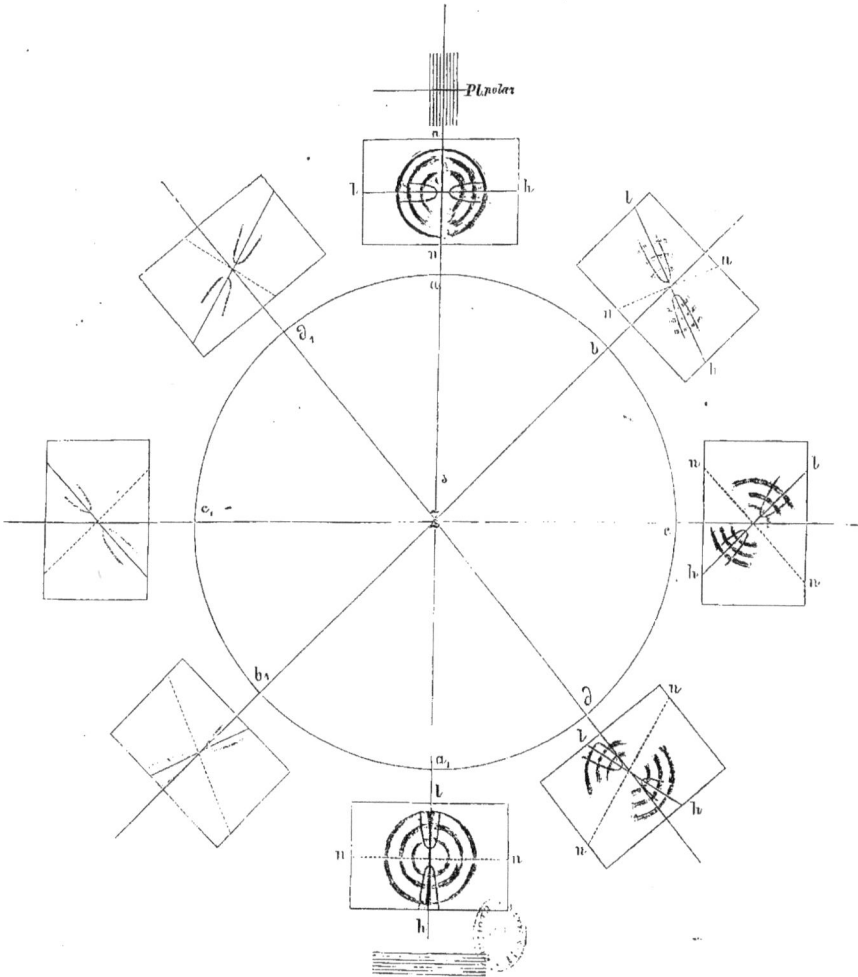

Pl. 4.

Pl. 5.

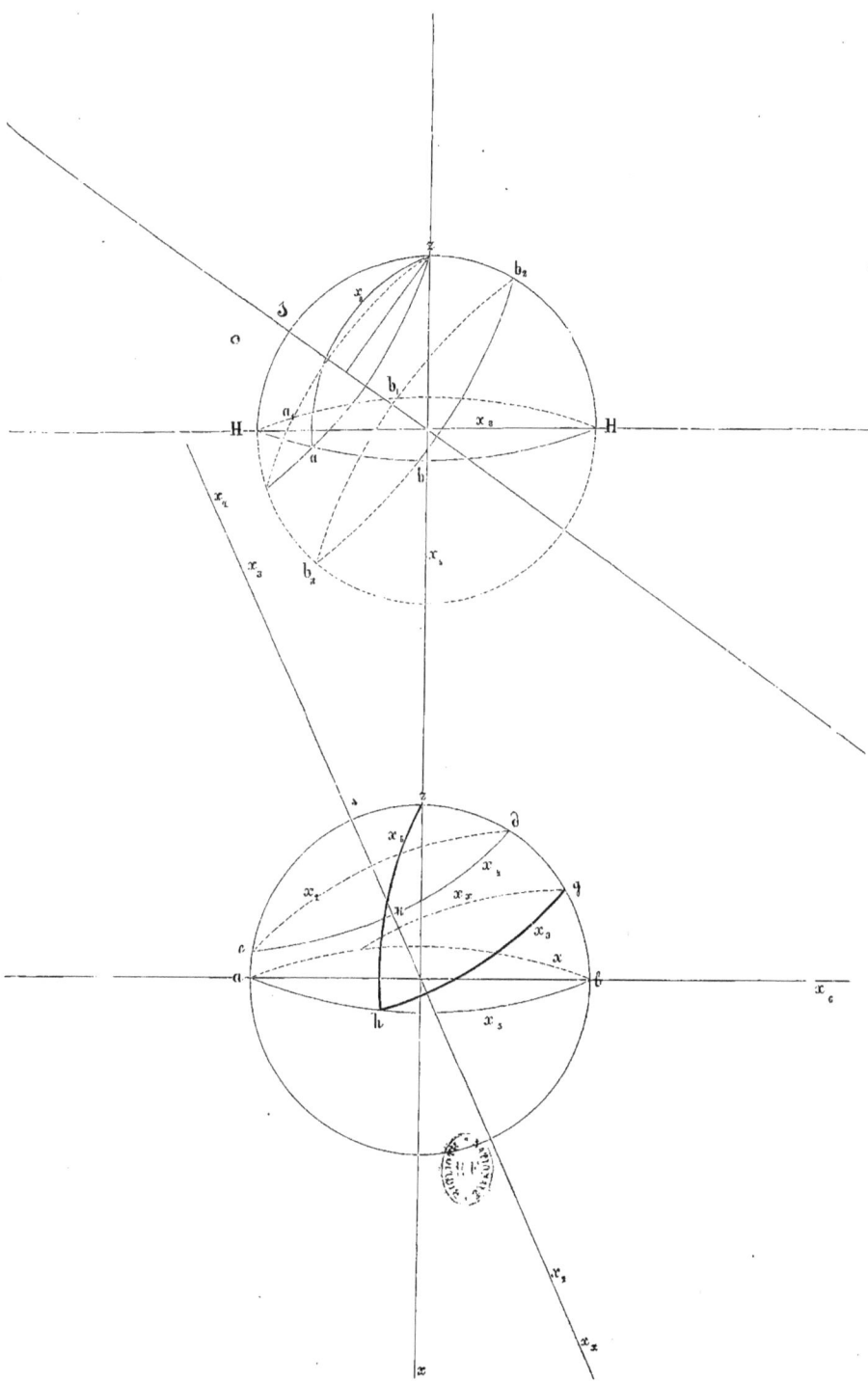